生态文明进程与城市价值论

贵州的解读

申振东 龙海波 著

中国社会科学出版社

图书在版编目（CIP）数据

生态文明进程与城市价值论：贵州的解读／申振东，龙海波著．—北京：中国社会科学出版社，2014.12

ISBN 978－7－5161－5454－0

Ⅰ.①生…　Ⅱ.①申…②龙…　Ⅲ.①城市—生态文明—文明建设—研究　Ⅳ.①X321.265.3

中国版本图书馆 CIP 数据核字（2014）第 308043 号

出 版 人	赵剑英
选题策划	刘　艳
责任编辑	刘　艳
责任校对	陈　晨
责任印制	戴　宽

出　　版	中国社会科学出版社
社　　址	北京鼓楼西大街甲 158 号（邮编100720）
网　　址	http://www.csspw.cn
发 行 部	010－84083685
门 市 部	010－84029450
经　　销	新华书店及其他书店

印　　刷	北京市大兴区新魏印刷厂
装　　订	廊坊市广阳区广增装订厂
版　　次	2014 年 12 月第 1 版
印　　次	2014 年 12 月第 1 次印刷

开　　本	710×1000　1/16
印　　张	15
插　　页	2
字　　数	265 千字
定　　价	48.00 元

目　录

序篇:生态文明的世纪曙光

上篇:生态文明的进程监测

下篇:生态文明的城市价值

前　言

生态文明是人与自然之间关系认知的一次飞跃，分别经历了敬畏自然、依赖自然、征服自然、尊重自然四个阶段的转变。尤其是后工业化时期以来，生态危机的日益凸显使人们逐渐意识到，人类要在地球上继续生存下去，必须考虑选择一种可持续的发展与消费方式，而不能使已遭受破坏的生态系统进一步恶化，世界各国都要肩负起应尽的国际责任。在这样的发展困顿与深刻反思中，生态文明理念逐渐开始兴起，包括中国在内的许多国家开始生态文明建设的实践探索，形成了一些具有代表性的城市和地区，逐渐凝练出符合生态文明发展要求的城市价值观。

一　研究源起与时代背景

当前，中国总体处在后工业化社会时期，以过度消耗资源为代价的经济发展方式未能得到根本转变，直接导致能源资源承载压力不断加大，生态环境危机日益加剧，进而影响到经济增长的质量和韧性。解决当前面临的这些问题和矛盾，关键在于树立科学发展的生态文明理念，要以尊重自然和保护生态环境为核心价值，通过体制机制改革，释放经济增长内生动力，实现生态环境与经济发展互促共生。党的十七大明确提出建设生态文明的重大战略思想，生态文明成为全面建设小康社会的奋斗目标之一。党的十八大强调建设生态文明是关系人民福祉、关乎民族未来的长远大计，要把生态文明建设放在突出地位，融入经济建设、政治建设、文化建设、社会建设各方面和全过程，努力建设美丽中国，实现中华民族永续发展。这为生态文明建设提供了重要机遇，也赋予城镇化新的内涵，是一项涉及生产方式和生活方式根本性变革的战略任务。

城市是生态文明建设的重要载体，经济发展、社会繁荣和生态保护的交点在未来的城市。近年来,全国许多地方根据各地经济社会发展实际,开始了生态文明城市建设的具体行动,同时也在探索建立生态文明科学评价体系与政府绩效考核体系,在理论与实践中都取得积极进展。值得一提的是,西部地区部分省市早在 21 世纪初期就开始了有关生态文明的模式探讨。伴随着西部大开发战略的深入推进,不仅经济社会发展取得了长足进步,生态环境保护也没有丝毫松懈,各地在新型城镇化推进过程中都高度重视生态文明建设,形成了具有生态文明理念的城市价值共识,主要以贵州省为代表。

二 研究对象的基本阐释

贵州作为西部地区"欠发达"、"欠开发"的省份,自然资源丰富、生态多样性明显,但是,经济发展滞后在一定程度上影响了贵州工业化、城镇化进程。因此,在保护生态环境与促进经济发展之间,选择一条符合地区实际、具有区域特色的发展之路,是实现贵州经济社会又好又快、更好更快发展的必由之路。贵州早在 2008 年就率先提出建设生态文明的战略性目标,并用实际行动践行生态文明的时代使命。2011 年 5 月,时任中共中央政治局常委、中央书记处书记、国家副主席习近平在视察贵州工作时特别强调:"要强化生态文明观念,努力形成尊重自然、热爱自然、善待自然的良好氛围,形成节约资源能源、保护生态环境的产业结构、增长方式、消费模式,使贵州的青山常在、碧水长流,切实增强加快发展、可持续发展的生态保障能力。"自 2009 年以来,连续 6 年举办的生态文明贵阳国际论坛进一步凝聚了生态文明共识,更坚定了贵州走生态文明之路的信心。2013 年 7 月,国家主席习近平在致生态文明贵阳国际论坛 2013 年年会的贺信中进一步指出:"走向生态文明新时代,建设美丽中国,是实现中华民族伟大复兴的中国梦的重要内容。"由此可见,《贵阳共识》已经逐渐成为学术界认知生态文明理念的重要指引,而贵州正在努力成为解读中国生态文明的区域样板。

三 研究框架与主要内容

本书立足生态文明战略全局,以贵州生态文明建设为主要研究对象、

以生态文明的实现进程与实现载体为研究重点，采取"文明进程"与
"价值实现"两条线索并进，运用篇章式写作手法对贵州生态文明进程、
生态文明城市价值与实现进行了详细阐述。分为序篇——生态文明的世纪
曙光、上篇——生态文明的进程监测、下篇——生态文明的城市价值。具
体研究框架与主要内容分篇概括如下：

生态文明的世纪曙光：认知再出发、行动新亮点

从对人与自然关系的认知出发，对生态文明雏形、发展历程进行了阐
述，并对生态文明内涵作了较为详细的解读。围绕"五位一体"关系展
开了针对性辨析，既有认识深入的总体演进，即从最早的"两手抓、两
手都要硬"到"五位一体"总体格局，也有内在统一关系的辨析，即以
生态文明为切入点，分析与其他四大要素之间的敛合作用。在此基础上，
分别从全面深化改革的新时代、构筑永续发展的新生态、推崇兼容并蓄的
新理念、提升幸福指数的新发展四个维度对"美丽中国"进行新诠释。

生态文明的贵州行动中，主要选取毕节试验区、贵阳生态文明城市和
黔东南生态文明试验区为代表，大致概括了贵州生态文明建设的发展脉
络，从国家层面、省级层面和三个生态文明示范区层面对贵州生态文明的
政策供给体系进行梳理，并归纳提炼出政策演进的三个特点，即从区域试
点探索向全面总体布局演进、从生态环境补偿向生态综合治理演进、从生
态文明向"五位一体"演进。

生态文明的进程监测：指标体系构建与综合评价

通过对可持续发展、生态资源价值、生态安全、生态承载力和协同发
展等重要理论的文献综述，构建了贵州生态文明指标体系的宏观框架。它
涵盖经济、社会、生态、文化等维度，是一种协同发展的指标体系，主要
包括生态经济、生态安全、生态文化和生态法规四个系统层，11 个状态
层，涉及 33 个评价指标。在此基础上，采用主客观综合集成赋权法对各
项指标权重进行了赋权。具体来说，首先，运用层次分析法作为主观赋权
法。邀请相关专家对各项指标进行两两重要性比较判断，将专家判断值的
平均数构造判断矩阵，得到了各层指标在指标体系中的权重系数。其次，
运用熵值法作为客观赋权法。以 2006—2013 年贵州省统计年鉴相关数据
为基础，按照熵值法计算步骤得到了各项指标的熵值、效用值以及指标权
重系数。最后，利用综合集成赋权法中的加法集成计算获得贵州生态文明
指标体系中各项指标的最终权重。

与此同时,运用模糊综合评价法对贵州生态文明发展现状进行评价,以问卷调查的形式获取了各项实验数据。总体来看,生态经济和生态文化两个层面的发展程度处于中级水平,分别是 5.14 分和 5.6 分。生态安全和生态法规两个层面的发展程度处于初级水平,分别是 4.98 分和 4.88分。通过构造相应的协调度模型、协调发展度模型、协调发展动态指数模型,对系统及子系统之间的协调程度进行分析。总体来看,四个子系统的协调水平基本呈现平稳上升趋势,即从轻度失调向中级协调或良好协调发展。动态协调发展指数在考察年度内也一直处在大于 1 的态势,特别是2010 年后系统的整体协调性有较大幅度提高。最后,以 LEAP 模型为计量工具,预测了 2020 年前后贵州生态文明发展的基本状况,并对各个层面的发展趋势进行分析。

生态文明的城市价值:价值取向与实现模式

一方面,以城市管理、城市生态和绿色发展有关理论研究为基础,归纳不同发展阶段对生态文明城市价值的认识。分别选取国内和国外生态文明城市建设的典型代表,对各自在生态文明建设方面的成功经验与做法进行梳理,提出了具有普适意义的启示。主要包括:树立科学发展的城市生态观、把握经济增长的内生动力、重视技术创新的推动作用、寻求角色适位的多方合作、强化生态意识与自我发展意识。

另一方面,从哲学层面寻找生态文明城市的价值依据,在此基础上提出了生态文明城市的价值分析框架,包括经济价值、社会价值、生态价值和法律价值四个方面。它具有多样性、导向性、人本性、时代性四个基本特征。但同时也应看到,这些价值之间在某一时点可能出现冲突,而这些冲突源于不同的哲学遵循,价值冲突的具体形式通常表现在政府决策模式上。可以说,这既是利益多元化选择的过程,也是主客体相互适应的过程。要实现生态文明城市价值,大致有三种模式——生态环境危机的倒逼式变革、实现永续发展的自主性改革和民众生态诉求的表达式参与。通过对三种模式的问题源起、价值基点、重点方向等方面进行比较分析,最终提出了贵州生态文明城市价值的实现选择。

四　研究展望

建设生态文明是全球所有国家和地区的共同事业,更是我国全面建成小康社会的迫切需要。党的十八大提出建设美丽中国的全新理念，描绘了生态文明建设的美好前景。十八届三中全会强调必须建立系统完整的生态文明制度体系。十八届四中全会进一步指出要用最严格的法律制度保护生态环境。站在全面深化改革的新起点，生态文明建设的任务艰巨而繁重，学术探讨的争鸣也没有停止。生态文明是一个永恒的时代命题，站在不同的学科、选取不同的角度，都能从中找到许多值得研究的问题。

本书研究的成果，是科学评价生态文明建设的有益探索，同时也是对生态文明城市价值认知的一种解读。期待本书的出版能够为学术理论研究和有关政府部门实际工作提供借鉴参考。由于作者的学术水平和研究经历有限，书中难免存在错误和缺陷，敬请各位专家和广大读者批评指正。

序篇：生态文明的世纪曙光

第一章　生态文明的中国足迹

20 世纪 70—80 年代，随着西方工业化水平的不断提升，以及它所带来的一系列环境问题的严重性，尤其是不良社会生产方式带来的生态环境恶化，促使工业化面临着历史性的变革。整个社会相继进入后工业化文明时代。人们开始对工业文明社会进行初步反思，发现生态环境与经济发展既有相斥的一面，同时也有相容的一面。正是在这样的困顿反思下生态文明理念逐渐兴起，并在中国得到较快发展。从党的十七大首次提出建设生态文明到党的十八大将生态文明纳入社会主义现代化建设的总体布局，体现了对生态文明的认识不断深化，是"美丽中国"目标实现的重要抓手。

第一节　生态文明的雏形与发展

生态文明作为社会文明的一个新阶段，是社会文明在人类赖以生存的自然环境领域的扩展和延伸，反映的是人类处理自身活动与自然界关系的进步程度。它是人类认识过程的大飞跃，同时也是价值观念的大转变。这一转变的关键，在于解决自然物质生产与社会物质生产之间的矛盾，把以人为中心的社会物质生产价值取向，转移到人、社会、生态的协调发展的价值取向。因此，需要从人类文明兴起开始，在不断演进的过程中解读生态文明的深刻内涵，在此基础上厘清生态文明在中国发展的大致脉络。

一　人类文明的兴起与演变

以人类在不同时期对自然的态度为标准，可以把人与自然的关系分为人类敬畏自然、依赖自然、征服自然和尊重自然四个阶段，与之相对应则形成了原始文明、农业文明、工业文明、生态文明四种文明形态。

（一）原始文明——敬畏自然（自然中心主义）

在原始社会，生产力水平极其低下，人与自然是浑然一体的，人类以依赖自然为生，以兽皮树叶为衣，以洞穴为居，以石器等简单的天然工具进行生产。人类只能通过采集野果、狩猎动物、捕捞鱼虾等最原始的方式来获取他们所必需的生活资料。已有的考古发现和史料记载表明，这一阶段所形成的原始文明，是迄今为止人类所经历的最长的文明时代。在这一时期，人类只是自然生态链条中的一分子，绝对受着自然环境和地理条件的约束和限制，人类根本没有拥有现代意义的科学技术，原始文明的体现主要表现在使用工具的不同变化上，比如，从天然工具到加工工具的使用、对石器的打造从简单打制到磨制的发展等。在这种采用低级生产方式获取生活资料的阶段，人类完全是处于一种物竞天择、适者生存的状态中，对自然生态系统的损害也是最小的。特别是在无法解释自然现象及规律的情况下，人类只能将自身的一切寄托于大自然，以自然为中心，将自然神化，对大自然产生顶礼膜拜、感恩、祈求、恐惧、敬畏的心理。正因为在原始文明中的人类不足以把握自己的命运，不能完全掌握大自然的发展规律，这就预示着人类为了自身的生存和发展，必将走向与自然分离、与自然相对立的文明形态。

（二）农业文明——依赖自然（亚人类中心主义）

一是农业文明的兴起。随着生产力发展、生产工具改进和人口不断增加，为了保证人类生命和种族的延续，便不断地开发、占有自然资源，特别是当种植业的出现与发展，在一定程度上满足了人类的生活需求，使驾驭自然的能力日益增强，人类便渐渐失去了对自然的敬畏，从而变被动接受自然支配为主动改造自然。二是农业文明的发展。当农业大规模普及，农业生产成为人类生活资料的主要来源方式时，伴随出现的农业文明便逐渐取代了原始文明，人类从此进入到一个新的文明阶段。三是农业文明的消失。当人类在追逐丰富的农业物质生产资料时，由于过度垦殖、肆意放牧以及滥砍滥伐等行为，使得土地被过度使用、表土植被被破坏，随之而来的是，表土资源丧失了生命支撑能力，导致生态失衡而引发生态危机，最终导致农业文明的衰落甚至覆灭。如在农业文明时期，人类创造的古代文明，有代表性的是古埃及文明、波斯文明、玛雅文明以及黄河流域文明，这些文明也随着表土资源的消失而消失。

对于古代农业文明的消失，究其原因，一方面是表土资源的耗尽。古代文明所在地的民族耗尽了自己赖以生存的资源，特别是农业发展赖以生存的表土资源，因为表土资源决定初级生产者所生产的农业生产资料的数量和质量，而这些正是农业文明所维系的必需条件。另一方面是非表土资源因素。除了表土资料耗尽外，还有气候变化、战争掠夺、种族退化、自然灾害等原因，但这些对于农业文明的衰败和没落却不是最主要的。生活在五千年前的美洲危地马拉高原西北地区的玛雅居民，因森林茂密、雨水充足，有发达的灌溉农业和肥沃的土壤，曾在这里建造了雄伟壮观的神殿庙宇，发明了象形文字，并掌握了只有少数早期文明所拥有的高深的数学等，被称为文明史的奇迹。不幸的是，这一灿烂文明很快就因人口激增、过度开发造成生态系统失去生命支撑能力而衰败。可以说，一个民族，无论多么优秀，如果无限制地消耗自然资源，衰落和灭亡就将不可避免。

（三）工业文明——征服自然（人类中心主义）

一是工业文明的兴起。人类通过对生产工具的不断改造，使社会生产力较之前提升几倍甚至几十倍，与此同时，通过推广新的生产工具和生产方式，提高整个社会生产力。工业文明造就了人类征服自然、改造自然的巨大社会生产力，把人类社会从农业时代推进到工业化时代，促进了人类社会的进步与发展。二是工业文明的发展。一般而言，工业文明与农业文明是以瓦特蒸汽机的发明及广泛应用为标志而爆发的第一次工业革命为界限的。蒸汽机的广泛使用使人类从此进入了工业文明时代。三是工业文明的衰落。工业文明的发展时间相对于原始文明和农业文明而言是较为短暂的，但在这一阶段人类所创造的物质财富却是几千年农业文明和几百万年原始文明时代所创造财富的若干倍。人类以一种对大自然胜利者的姿态沾沾自喜时，自然也在悄悄地准备着对人类实施报复，其中最为明显的是从 20 世纪初开始，全球在经济社会、生态方面遇到了前所未有的危机，主要表现为贫富差距、环境污染、资源短缺、生态破坏、人口剧增、不公正的国际经济秩序、难民危机、地区冲突、国际恐怖主义、核危机等，直接威胁着人类的生存与发展。更为严峻的是，上述危机并不孤立地表现出来，而是以相互作用、相互影响的整体性表现出来，并且这些危机是从工业文明产生的那天起就一直相伴相随的。

对于工业文明中所存在的这些问题,正如恩格斯在《自然辩证法》中所说的那样:"我们不要过分陶醉于我们对自然界的胜利。对于每一次这样的胜利,自然界都报复了我们。每一次胜利,在第一步确实都取得了我们预期的结果,但是在第二步和第三步都有了完全不同的、出乎意料的影响,常常把第一个结果又取消了。"究其原因,生态危机发生的速度与人类对生态环境资源的破坏速度是成正比关系的。其中最为直接的表现,就是人类将人与自然的关系由原始社会的敬畏自然、农业社会的依赖自然变成了人类征服自然、掠夺自然。在工业文明阶段,人类认为人生来就是自然的主人,自然生态系统中的一切资源都应该为人类的生存和发展服务,是一种典型的人类中心主义思想。

(四)生态文明——尊重自然(生态中心主义)

一是生态文明的产生背景。在这一阶段,人类对自然规律的认识水平达到了空前的高度,创造物质财富的能力也有了极大的提高。但经济和社会发展的现实,现有工业文明所引发的种种危机,使得工业文明作为一个文明体系已经与人类生存和持续发展的要求极不适应,其中频频爆发的生态危机就是工业文明总体危机的显著标志。面对传统文明体系的弊端,我们可以清醒地认识到,人类选择新的文明形态已成为必然趋势。在这种情况下产生的生态文明,既是在人类文明延续发展的转折时期提出的理性要求,同时也具有充分的现实必要性。二是生态文明的兴起。人类创造物质生产资料是以对自然资源的无限制开发为前提的,完全忽略了自然资源的再生产能力、对污染物的自我降解能力、对环境的自我恢复能力。人类完全违背自然生态规律对自然资源的强取豪夺,导致了今天人类赖以生存的基本环境受到严重威胁,经济的再生产也越来越难以为继。正当有些专家学者将这些生态问题归结为社会发展到一定阶段的必然产物、科技不发达的原因引起时,20 世纪发生的"八大公害事件"、臭氧层破坏、全球气候变暖、美国硅谷污染等事件,才使人们逐渐认识到:在工业文明社会中发生的生态危机事件不能单纯地表现为科技发展水平的问题或社会发展的必然产物,而应该是人类为满足自身无限膨胀的欲望时,对自然无限制掠夺使得大自然也在无情地对人类的行为作出回应。三是生态文明的发展。当认识到生态危机产生的本质原因后,人类便踏上了寻找自然对人类报复的原因以及如何协调解决自然与人类之间冲突的旅程,并不断地反思自身的行为得失,并对社会中存在的生态危机问题进行剖析,以寻找一种更加符合客观规律的发展之路并付诸实施。通过世界范围内的不断交流、沟通、学习，全世界才得出这样的共识：走可持续发展之路。但在具体的实践过程中，世界各国的具体措施又不尽相同。

二　生态文明的内涵

生态文明是由生态和文明两个概念构成的复合概念。这里的生态不是传统意义上所指人类生存和发展的自然环境的狭义概念，而是包括人、动物、植物等存在于自然界的一切所形成的生态种群和自然生态资源，以及生态种群间、生态种群与自然生态资源间、自然生态资源之间的相互联系。在生态文明的内涵中，人类只是作为地球生命系统中的一部分，是以自然环境为生存的根本，是生态系统所进化的活的有机体，其生存和发展离不开自然生态环境不断提供能量和养分。因此，人们在满足自身生存需要以及实现自然生态种群间的和谐相处过程中，必须遵循客观规律，并按客观规律办事，这才能实现人类社会的可持续发展。

（一）生态文明的概念

正如有学者指出，"如同人类历史上不同阶段的文明形态的更替一样，处于前一阶段的文明形态发展到一定的阶段，必然会被更高阶段的文明形态所取代"。一方面，以物质资料生产活动为核心的人类与自然的关系发生了根本性变化，新的关系占据了主导地位。另一方面，旧的文明形态的危机并不意味着其衰亡，而是在地位变化的同时被新的文明形态所改造。作为一种新型的文明形态，生态文明是人类在工业文明发展导致生态危机频发多发的情况下，对工业文明不断反思、提炼和升华的结果。它是指人类遵循人与人、人与自然、人与社会、人与生态种群之间的客观规律而取得的物质与精神成果的总和。

其一，从词源学意义上看，它与粗暴、野蛮、对抗、冲突相对，强调在继承和发扬工业文明的优秀成果的基础上更加善待自然、善待环境、善待生物总群、遵循自然客观规律。其二，从伦理宗旨上看，要实现人与人、人与自然、人与社会、人与生态种群之间的和谐共生、有序发展和持续繁荣。其三，从发展方式上看，要转变工业文明中高污染、高浪费、高能耗的传统发展模式，逐步实现低碳发展、绿色发展、可持续发展。其四，从生活方式上看，要转变人们过度追求自我物质享受观念，提倡在满足个人自我物质需求的同时不损害自然生态环境,尽力保护生态环境和生态资源。

(二) 生态文明的标志

生态文明的基本价值理念是生态平等,主要表现为代际平等、物种平等、人物平等三个方面。代际平等,指的是当代人与后代人共同地享有地球资源与生态环境,其实质是当代人对环境资源的利用不能妨碍、透支后代人的环境资源的利用,建立有限资源在不同代际间的合理分配与补偿机制。物种平等,指的是构成生态系统内部的各生物种群都是生态系统的一部分,都应遵循物竞天择、适者生存的规律,尽力维护生态系统平衡。人物平等,指的是要抛弃"极端人类中心主义"思想,有意识地控制自己的行为,合理利用资源,遵循自然生态种群的多样性,不透支自然生态资源。生态文明的标志表现在:

一是生态环境的改善。环境问题直接关系到人民群众的正常生活和身心健康。改革开放以来,我国采取一系列政策措施,有力地促进了生态建设和环境保护事业的发展。但是,由于自然、历史和认识等方面的原因,在取得巨大发展成绩的同时也造成了严重的环境污染和生态问题。建设生态文明,必须以对人民负责的精神,着眼于让人民喝上干净的水、呼吸上清洁的空气、吃上放心的食物,在良好的环境中生产生活。

二是生态政治的兴起。人类目前所面临的生态环境危机主要是由现行制度框架下进行的社会活动引起的。有什么样的制度框架,就有什么样的物质生产,也就有什么样的环境影响。因而,当今世界范围的环境危机是与政府的政治决策紧密联系在一起的,不仅环境问题的产生、解决与政治有关,环境问题的存在也会引发政治冲突。当前,全球环境问题正日益渗透到国际政治之中,成为国际政治的一部分,需要各国政府重新审视传统的国际政治关系,建构满足可持续发展要求的政治体系,将人类社会推向前进。否则,环境问题"只能仅仅停留在经验的层次上,甚至不能成为一个话题",生态文明建设也就成了一句空话。

三是生态经济的发展。对资源的开发要有补偿机制,补偿强度和有效性必须使生态潜力的增长速度高于经济增长速度,实现良性生态循环。社会物质生产方式要向着"生态化"的新形式发展,一切现有的有害环境技术要向无害环境技术转变。发展经济观念必须由单纯追求经济目标向追求经济与生态双重目标转变,必须摆脱为增长而增长的发展模式,走可持续发展的道路，从而建立生态化的生产力、生产方式以及生态经济新秩序。

四是生态文化的繁荣。首先，生态文化的出现引发了人的价值观革命，即用人与自然和谐发展的价值观代替人统治自然的价值观；其次，引发了人的世界观革命，即用尊重自然、敬畏生命的哲学，代替极端的人类中心主义哲学，用关于事物相互作用、相互联系的生态世界观代替机械论、元素论；最后，引发了人的思维方式革命，即整体的生态学思维将代替机械论的分析思维。这一系列转变已经在各个领域中表现出来。在发展方向上，它强调多要素系统的协调并进，而不是片面的单一的发展，注重内涵和质量，全面提升国民经济的整体素质和人们的生活质量；在发展动力上，它主张用生态建设的科学知识武装群众，使广大人民群众从衣食住行等日常生活中不断认识到生态保护和建设的重要性，唤起群众的生态意识，提高群众生态环境建设的积极性和主动性，从而形成具有强大群众基础的生态保护力量。

（三）生态文明的构成

生态文明作为一种独立的文明形态，是一个具有丰富内涵的（理论体系）系统。按照历史唯物主义的观点，可以分为四个层次：

第一个层次是意识文明（思想观念）。思想意识是要解决人们的哲学世界观、方法论与价值观问题，其中最重要的是价值观念与思维方式，它指导人们的行动。以生态科学群、可持续发展理论和绿色技术群为代表的生态文明观，主要包括以下三个方面的内容：一是树立人与自然同存共荣的自然观。生态文明观认为，人是自然界的有机组成部分。人类对自然的利用与改造，必须以保证整体生态系统的动态平衡为前提。人类干预、改造自然及其运动过程，必须以不破坏自然界物质循环和能量有序流动为限度。二是建立社会、经济、自然相协调、可持续的发展观。生态文明观认为，人类要彻底改变自然资源取之不尽、用之不竭和环境可以无限容纳污染的旧观念，摒弃长期以来国民经济增长不计资源消耗和环境成本的做法，摒弃把 GDP 作为发展的唯一指标的做法。三是选择健康、适度消费的生活观。生态文明观的诞生，是人类文化战略的转变，人的思维方式、价值观念的转变，以及人类的生活方式、消费观念的转变。

第二个层次是行为文明（行为方式）。生态文明观认为，盲目地高消费并不利于人的身体健康，而且浪费资源、污染环境。每个人的消费都直接或者间接地消耗各种能源、原材料和水资源，同时产生各种排放物和废弃物。因此，人类应改变过去那种高消费、高享受的消费观念与生活方式，提倡勤俭节约，反对挥霍浪费，选择健康、适度的消费行为，提倡绿色生活，以利于人类自身的健康发展与自然资源的永续利用。

第三个层次是产业文明（物质生产）。物质生产是要解决人和自然的关系。进行物质生活资料的生产，是任何社会、任何文明生存与发展的基础。生态文明的物质生产就是进行生态产业的建设。生态产业大致可以作如下分类：一是生态农业，以生物为对象，它的生产过程与自然界有不可分割的联系；二是生态工业，以非生物为对象；三是生态服务业，即生态旅游业，这是为提高人的生活质量服务的特殊经济业态，它与自然界有直接联系；四是环保产业，即以实现环境可持续发展为目的所进行的各种生产经营活动。

第四个层次是制度文明（社会制度）。生态制度文明是一种不仅考虑人与人、人与群体、人与社会的关系，而且在考虑任何关系时都将生态系统的要求纳入考虑范畴的一种新的制度文明，既包括新的经济制度和政治法律制度这些显性制度，也包括新型风俗、礼仪等隐性制度。此外，它还包括建立一些有利于生态系统繁荣稳定的新制度，如生态环境影响评价制度、排污申报登记制度、环境审计制度、生态补偿制度等。①生态文明制度目标，就是要从制度安排上对从事生态文明建设的人和单位给予奖励和激励，使之受益，从而形成人人积极参与生态文明建设的良好制度环境。

三　生态文明的中国发展

理论研究方面的发展源起。生态文明并非是凭空臆造或从天而降的，而是众多专家学者在对工业文明进行反思后得出的智慧结晶，其发展也并非是一蹴而就的。作为一种新型文明形态的称谓，对其最完整的提及可追溯到1985年张捷在《科学社会主义》上发表的《在成熟社会主义条件下培养个人生态文明的途径》一文，但当时作者并未对生态文明的内涵作出完整、全面的解释，只是提出了这种说法。1987年，学者叶谦首次提

---

① 唐小平、黄桂林、张玉钧：《生态文明建设规划：理论、方法与案例》，科学出版社2012年版，第14页。

出并阐述了"生态文明"概念，他认为生态文明是人类既获利于自然，又还利于自然，在改造自然的同时又保护自然，人与自然之间保持和谐统一的关系。后来，刘宗超、刘粤生、刘湘溶、黄顺基等学者都从不同的角度对生态文明进行了完善和促进，但都只是将生态文明作为一种理念进行研究。

实践探索方面的有关进展。1994 年 3 月 25 日国务院第 16 次常务会议讨论通过了《中国 21 世纪议程——中国 21 世纪人口、环境与发展白皮书》，这是我国根据具体的国情和环境发展情况提出的关于经济、社会、资源、环境以及人口、教育相互协调、可持续发展的总体战略和政策措施方案。1995 年的《关于国民经济和社会发展"九五"计划和 2010 年远景目标纲要的报告》中进一步涉及加强环境、生态保护等方面的内容。此外，我国还制定了《全国生态示范区建设规划纲要（1996—2050）》、《全国环境保护纲要》等标准来规范我国生态建设和可持续发展的工作。[①]　将生态文明作为国家的发展战略，最早是党的十六大报告中提出的"推动整个社会走上生产发展、生活富裕、生态良好的文明发展道路"。党的十七大报告明确提出"将建设生态文明作为实现全面建设小康社会奋斗目标的新要求"，首次将生态文明作为国家发展战略提上政治议程，此后，对生态文明的研究探索与实践活动才如雨后春笋相继涌现。尤其值得关注的是，党的十八大报告提出"把生态文明纳入社会主义现代化建设的总体布局，深刻系统地提出了生态文明的思想内涵、战略定位和重点任务，将生态文明建设放在突出位置"。这给生态文明建设提供了重要机遇，也标志着生态文明建设新时代的到来。十八届三中全会继续丰富了生态文明发展的内涵，从战略到具体方法上都做了详细阐述，特点鲜明，更加注重生态文明的顶层设计，强调制度建设是推进生态文明建设的重要保障，进一步提出必须建立系统完整的生态文明制度体系。

第二节　"五位一体"的统一关系

党的十八大报告把生态文明纳入社会主义现代化建设的总体布局，深刻系统地提出了生态文明的思想内涵、战略定位和重点任务，将生态文明

①　廖海伟：《生态文明城市指标体系研究》，硕士学位论文，北京林业大学，2011 年。

建设放在突出位置,融入经济建设、政治建设、文化建设、社会建设各方面和全过程,由此形成的"五位一体"总体布局,意味着我国逐渐从局部现代化向全面现代化转变,从不协调的现代化向全面协调的现代化转变。"五位一体"总体布局体现了一种辩证的思想,其中,经济建设是根本、政治建设是保障、文化建设是灵魂、社会建设是条件、生态文明建设是基础,这五个方面是相互影响、有机联系的。本节将以生态文明建设为切入点,分别探讨其与经济建设、政治建设、文化建设、社会建设之间的关系。

一　"五位一体"产生的历史脉络

"三位一体"的基本雏形。党的十一届三中全会以来,我国改革开放的总设计师邓小平同志在一系列讲话、文章中就不断地强调,"在重视物质文明的同时,也要把精神文明放在重要的地位"。自此以后,"两手都要抓,两手都要硬"被作为国家工作和发展的重要指导思想。1986 年,十二届六中全会首次提出"以经济建设为中心、坚定不移地进行经济体制改革、坚定不移地进行政治体制改革、坚定不移地加强精神文明建设的总体布局",从而奠定了经济建设、政治建设、文化建设"三位一体"总体布局的基础。

"四位一体"的布局调整。2005 年 2 月,胡锦涛同志在省部级主要领导干部提高构建社会主义和谐社会能力专题研讨班上的讲话中指出:"随着我国经济社会的不断发展,中国特色社会主义事业的总体布局,更加明确地由社会主义经济建设、政治建设、文化建设三位一体发展为社会主义经济建设、政治建设、文化建设、社会建设四位一体。"这是第一次将社会建设进行完整的论述。自此以后,将社会建设提高到与经济建设、政治建设、文化建设并列且同等重要的位置上来,由"三位一体"的总体布局逐渐调整为"四位一体"的总体布局。

"五位一体"的布局升格。2012 年 7 月,胡锦涛同志在省部级主要领导干部专题研讨班开班式上发表讲话时特别强调了生态文明建设的重要性,首次提出要将生态文明建设的理念、原则、方法、目标等深刻融入和全面贯穿到我国经济、政治、文化、社会建设的各个方面和全过程。之后,党的十八大报告明确提出,将生态文明建设与经济建设、政治建设、文化建设、社会建设并列,最终形成了"五位一体"的中国特色社会主义建设总体布局。

二　"五位一体"的辨析：生态文明的切入视角

"五位一体"总体布局拓宽了中国特色社会主义理论的新视野，反映了我们党对社会主义规律的认识更加全面、更加深刻。"五位一体"总体布局中，经济建设、政治建设、文化建设、社会建设和生态文明建设五大要素，是互为条件、相互促进的，既不可分割又有自己的特定领域和特殊规律，彼此形成了内在的互动关系。这里，主要以生态文明为切入点，分析与其他四大要素之间的敛合作用。

（一）"生态—经济"的敛合视角

生态文明建设要求经济增长方式转变。生态文明建设的本质就是要实现低碳、绿色、循环方式。这些理念不能只是作为一句空洞的口号流于形式或是一个标签贴在某件具体实物外面，要通过实实在在的行动来落实。因此，在经济建设领域，必须把生态文明理念具体落实到物质资料的生产过程中，从传统的高能耗、高排放、高污染的生产方式转变为低能耗、低排放、低污染的生产方式，切实解决生态环境遭受破坏的源头问题，真正实现经济发展的集约式增长。

生态文明建设能够促进经济可持续增长。生态文明提倡的资源节约、环境友好理念具有较强的现实意义。一是为了保证地球有限的资源不被很快消耗，延长不可再生资源的利用时间，给可再生能源和新能源的开发利用提供充足的时间。二是为了给已遭工业文明破坏的生态环境进行自我修复和专项治理的机会，以维护自然生态系统的平衡，使得自然环境能够持续为人类的生存发展提供动力。

（二）"生态—政治"的敛合视角

生态文明建设有利于加快推进政治体制改革。生态文明建设倡导绿色、和谐与政治建设中的善治、和谐，具有内在的交集性——和谐。它体现在公民与社会组织、公民与政府、社会组织与政府三个方面的和谐。因此，为了保证在生态文明建设中实现和谐、文明，就必须让民众在政治生活中有更多的话语权，这也要求不断推进政治体制改革，以适应民众和社会需要。

生态文明建设有利于促进政府信息公开和决策民主化。生态文明建设成果与人民群众利益息息相关，特别是资源开采、环境污染与民众利益发生冲突时,人们会通过各种途径和形式维护自己的权益免受侵害,最终指向有关政府部门,由此引发的群体性事件不乏少数。为了维护自身的权益,人们会要求政府公开各种相关事项,希望能够参与到公共政策制定过程中。此外,人民群众对各种政策制定、执行有监督权,这也促使公共权力能够更为阳光、公正地运行。

（三）"生态—文化"的敛合视角

生态文明建设能推动科学文化发展。在科学文化领域进行有关理论研究,目的就是为了引起人们对生态危机产生的原因的关注,进而关注人类生存的自然环境。如果对生态危机造成的影响不以为然或置之不理,最终人类也会遭受灭顶之灾。正是因为人们逐渐认识到生态危机是由其过度行为引起的,才慢慢地将生态文明相关的理论进行丰富、完善和推广,进而不断完善和发展生态科学体系,建立了生态学、环境科学、生态经济学等相关学科,使生态文化得以普及。

生态文明建设有助于提升全民文化素养。生态文明本身所追求的低碳、绿色、环保等理念,以及通过企业所生产的节能降耗产品让社会公众得到实实在在的好处,使人们认识到生态文明不再是政府的单个行为,而是每个人应有的责任和义务,只要每个公民在工作生活中注重细节上的低碳、环保,就能切实践行生态文明理念。与此同时,通过各种社会媒介的舆论宣传和科学引导,不断提升公民践行生态文明的自觉性和主动性,自身的文化素养也相应得到提高。

（四）"生态—社会"的敛合视角

生态文明建设有助于提高居民收入。一是生态产业的培育壮大能够创造一些新的就业机会。生态文明建设过程中所形成的生态产业,比如生态工业、生态农业、生态服务业,以及由此形成的新能源、新材料、可再生能源、环保产业等相关产业链条,能创造新的就业岗位和机会。二是生态资源开发能够获取额外收入。比如,农村居民以植树造林的方式增加碳储备,再通过森林碳汇交易获取更多的额外收入。三是使用低能耗日用产品能减少不必要的生活开支。比如,居民在日常生活中使用节能电器,就会大大减少现有支出而变相增加收入。

生态文明建设有助于推进社会管理创新。在生态环境保护、生态资源开发利用等相关活动中,涉及群众利益诉求表达、群众利益协调、群众权益保障、生态利益分配等方面的有关体制机制还不够健全,这就促使地方政府必须加快社会管理创新，不断完善和健全有关法规制度，寻求社会管理方式的体制机制创新，以确保生态文明建设中的社会和谐。

第三节 美丽中国新诠释

党的十八大报告中首次提及，"努力建设美丽中国，实现中华民族的永续发展"。之后，"美丽中国"一词引发全社会的广泛关注，一些学者、官员从不同角度对其进行了阐释和解读。比如，环境保护部部长周生贤认为，美丽中国是时代之美、社会之美、生活之美、环境之美的总和。建设美丽中国是一个系统工程，既要搞好顶层设计，明确方向、目标和任务，又要采取有效措施，扎实推进。还有些学者认为，美丽中国体现着自然美、生态美、环境美，同时还体现着中国人民的生活美，这些都是生态文明建设的目标。关于"美丽中国"内涵、背景的系统论述，比较有代表性的是张荣寰在 2007 年 4 月发表的《生态文明论》一书。他认为，美丽中国——"美在和谐、美在自然生机盎然、美在文化全息自由、美在生活合理幸福、美在精神文明道德、美在人格光明正直、美在生态和谐上升、美在产业环流有序、美在幸福的人格、美在崇高的理想、美在合理的生活过程、美在文明的风尚、美在逐步完善的幸福生活"。此外，还阐述了美丽中国、生态文明与民生三者的关系。

从字面理解上，"美丽"的本义是好看、漂亮，即在形式、比例、布局、风度、颜色或声音上接近完美或理想境界，使各种感官极为愉悦，对自己来说是视觉的享受。从狭义上讲，"美丽中国"是风景秀美的大好河山带给中国人民的直接感受，即一种自然美的状态以及由此引发的对中华民族热爱的愉悦。进一步看，"美丽中国"是在全面深化改革的新时代背景下，努力构建人与自然和谐包容的新局面，不断提升人民群众的幸福指数，最终实现中华民族伟大复兴的中国梦。

一 "时代之美"：全面深化改革的新时代

全面深化改革，体现问题导向，也是由问题倒逼而来。发展方式转变、民生问题、生态环境问题、腐败问题、贫富差距等问题日益凸显，逐渐成为制约生产力发展和社会进步的桎梏，有些发展瓶颈已经到了非突破不可的境地，其中就包括自然生态的逐步弱化和稀缺性资源的不断枯竭。

政府主导下的传统经济发展模式带来的各种弊端、潜在风险,把中国的转型发展推到了历史性关口。可以说,当今所处的时代是一个利益相互交织、问题累积成多、矛盾错综复杂的历史转折期,但同时也是一个破除顽固陈疾、理顺关系纽带、激发社会活力的重要窗口期。全面深化改革,越来越成为决定中国当代命运的关键抉择。

十八届三中全会开启了全面深化改革的崭新时代。全会通过的《中共中央关于全面深化改革若干重大问题的决定》,阐明了全面深化改革的重大意义和未来方向,提出了全面深化改革的指导思想、目标任务、重大原则,描绘了全面深化改革的新蓝图、新愿景、新目标,合理布局了深化改革的战略重点、主攻方向、工作机制、推进方式和时间表、路线图,汇集了全面深化改革的新思想、新论断、新举措,形成了改革理论和政策的一系列重大突破,这一深化改革的总体思路契合了"发展仍是解决我国所有问题的关键"这个重大战略判断,也是在党的十八大提出建设"美丽中国"一年后正式向全国人民递交的改革行动纲领。

建设"美丽中国",需要一个具体的抓手,比如建设生态文明。但更需要的是一个良好的外部环境,而良好外部环境的营造就必须通过全面深化改革来实现。从这个方面讲,美丽中国首先体现在"时代之美",即全面深化改革的新时代。只有坚定改革信心,以更大的政治勇气和智慧、更有力的措施和办法推进改革,美丽中国梦的巨轮才能又好又快地驶向更加富强、民主、安康的彼岸。

二 "环境之美":构筑永续发展的新生态

大自然是我们赖以生存的环境,也是人类共有的生活家园。中国自然资源丰富、生物种类多样、地形地貌复杂,自古以来就形成了一幅风景秀丽、生态多样的优美画卷。建设生态文明,是关系人民福祉、关乎民族未来的长远大计,必须把生态文明建设提升到与经济建设、政治建设、文化建设、社会建设同样的高度。从古代的"天人合一"生态哲学思想到现代的生态文明理念,体现了对生态环境保护的一致性认识。从"山清水秀的贫穷落后"到"既要金山银山也要绿水青山",更体现了生态环境与经济发展共赢的思想,是对人与自然和谐共处的认识提升。

"环境之美"不仅美在自然的原生态,包括高山、湖泊、海洋、河流、森林、草原、平原、高原、丘陵、沼泽、花鸟鱼虫、飞禽走兽、动物植物等各类生态，更美在自然生态的和谐有序运动中。因此，面对当前资源约束趋紧、环境污染严重、生态系统退化的严峻形势，必须以最严格的措施修复自然生态和治理环境，实施重大生态修复工程，推进荒漠化、石漠化、水土流失综合治理，扩大森林、湖泊、湿地面积，保护生物多样性。与此同时，还应加快绿色发展和产业转型，以生态文明理念引领工业化发展，采用最先进的技术、最科学的方式，积极探索发展经济、节约资源、降低能耗、保护环境相得益彰的途径和办法。大力发展新能源和可再生能源、节能环保等生态产业，鼓励节能环保产品使用和消费，形成新的经济增长点。①

建设"美丽中国"，生态环境之美是基础，也是实现社会环境优美、百姓生活富美的重要前提。具体来说，一方面，要努力构建青山绿水、蓝天白云与蓝墙绿瓦、高楼大厦相互辉映的和谐蓝图；另一方面，还要实现生产空间集约高效、生活空间宜居适度和生态空间山清水秀，从而给自然留下更多修复空间，给农业留下更多良田，给子孙后代留下天蓝、地绿、水净的美好家园。这也是中华民族永续发展的重要基石。

三　"社会之美"：推崇兼容并蓄的新理念

在环境风险压力日益加大、公众利益诉求不断增多的新形势下，传统的经济发展方式亟待转变，而发展方式转变的背后更体现出发展理念的转变。习近平总书记在中央政治局会议上强调，发展必须是遵循经济规律的科学发展，必须是遵循自然规律的可持续发展，必须是遵循社会规律的包容性发展。对于本部分所阐释的"社会之美"而言，更加突出第三个方面的内涵，即要逐渐回归发展的本意，坚持以人为本，强调"民富优先"和"社会公平"。如今改革进入深水区，如果在改革实践中不能更好地兼容并蓄，切实遵循社会规律的包容性发展，社会不同阶层利益诉求差异和矛盾就会日益突出，那么全面深化改革的进程将会受阻甚至停滞不前。

因此，必须改变过去那种过度重视物质产品提供的单一思维，改变注重成果共享而忽视机会平等的政策导向，改变一味寻求对自然生态索取占有的过度开发方式，逐步在新的发展道路摸索中树立"兼容并蓄"的新

---

① 转引自《2013 贵阳共识》，2013 年 7 月 22 日。

理念，充分体现社会和谐和包容性发展。比如，在向公众充分提供物质产品、文化产品的同时，着力提供更多优质的生态产品，让民众普惠共享良好的生态环境，以促进社会和谐。要尊重全体国民的发展权利、发展机会和发展利益，共同应对能源安全、气候变化、自然灾害等难题，做到权利公平、机会均等、规则透明、分配合理，促进人的全面发展，最终实现人与人、人与自然和谐相处。

建设"美丽中国"，不仅体现在生态环境优美，还要体现在社会环境的优美。这种优美是构建在所有人机会平等、成果共享的发展，各个国家和民族互利共赢、共同进步的发展，各种文明相互激荡、兼容并蓄的发展，人与自然和谐共处、良性循环的发展基础之上的，是需要通过全面深化改革不断推进完善的。从这个逻辑来看，"社会之美"中所推崇的兼容并蓄新理念既是发展的前提，同时也是改革的结果。

四　"百姓之美"：提升幸福指数的新发展

让人民过上幸福美好的生活，代表广大人民群众的根本利益，是新形势下党的使命和宗旨的新要求，也是建设美丽中国的重要使命所在。正如习近平总书记在党的十八大闭幕后同中外记者见面时所说："在漫长的历史进程中，中国人民依靠自己的勤劳、勇敢、智慧，开创了各民族和睦相处的美好家园。我们的人民热爱生活，人民对美好生活的向往，就是我们奋斗的目标。"只有坚持绿色发展的道路，才能为子孙后代留下天蓝、地绿、水净的美好家园；有了生态文明，"美丽中国"就不是梦。因此，必须牢固树立生态文明的发展理念，坚持绿色发展的道路模式，既不能要以牺牲绿色和环境为代价的 GDP，也不能只讲保护不讲发展，让老百姓守着青山绿水过穷日子。

建设"美丽中国"，最终归宿是不断提升老百姓的幸福指数，就是要让人民群众生活得更加幸福，要使发展成果更多更公平惠及全体人民。这不仅是几个固定的指标就可以衡量的，而是要通过实实在在的行动真正对人民负责，对未来负责，对子孙后代负责。具体来说，一方面，要加快健全基本公共服务体系，加强和创新社会管理，努力解决好人民群众最关心、最直接、最现实的利益问题，使得社会分配更加公平、老百姓生活更加富裕。另一方面，还要保护好一方水土，在转变经济发展方式的同时，努力实现老百姓生活方式的转变。比如，通过推进生态文化、道德伦理教育，引导每个人对自然心存敬畏，规约自己的行为，形成有利于生态文明建设的价值理念，在全社会增强生态意识、强化生态责任。进一步加大绿色消费价值观念宣传力度，引导公众从追求豪华、奢侈的生活转向崇尚简朴、节俭的文明生活，自觉践行低碳、绿色消费。

第二章 生态文明的贵州行动

生态文明是人与自然关系的一种新颖形态，也是人类文明发展在经济全球化和信息一体化条件下的转型与升华，凸显了人类生产、生活发展与自然生态的良性有序互动。贵州作为西部地区发展较为落后的省份，通过深入分析自身资源禀赋、区位优势、产业结构、人口特点，提出了"环境立省"和"工业强省"两大战略，努力寻求一条符合贵州实际的生态文明发展之路，并结合中央有关文件先后出台了一系列政策，开始了生态文明的先行探索。本章主要梳理自毕节试验区成立以来省内探索生态文明的发展脉络，并分析不同阶段的政策演进趋势。

第一节 贵州生态文明的发展脉络

贵州的基本省情是：山多地少水缺，发展方式粗放，贫困人口多、贫困程度深。贵州的生态文明发展与东部其他省份有所不同，在很大程度上受到经济发展水平的制约，还面临人口脱贫和防止生态恶化等突出问题。这些特殊性也使得贵州的生态文明具有典型性。回顾改革开放 30 多年来贵州经济的发展历程，在每个阶段都蕴含着生态治理的重任。从 20 世纪80 年代中后期的毕节试验先行区到 21 世纪初期的贵阳生态文明城市，再到全省层面的生态文明主导战略，逐渐形成了以点带面的生产发展、生活富裕、生态良好的科学发展之路。

特别是党的十七大提出生态文明发展理念以来，贵州把生态文明建设作为实现经济社会历史性跨越的重要途径，并大力推进生态工业、生态农业、生态旅游业、循环经济，在环境保护、节能减排、石漠化治理等方面相继制定了一系列政策措施，有力促进特色产业发展与生态环境建设的有机结合，取得了生态文明发展进程的新进展。

一　生态文明建设的先行区——毕节试验区

毕节试验区不仅是贵州生态文明建设的先行区，还是科学发展的试验田，它是在时任贵州省委书记的胡锦涛同志亲自倡导下建立的。1985 年，时任中共贵州省委书记的胡锦涛同志，用一年左右的时间，在全省所有的 86 个县（市、区、特区）调查研究的过程中，对地处贵州西北乌蒙山区的毕节地区，进行了多次深入的调查研究，就如何加快贫困地区经济社会的发展、加快贫困地区群众脱贫致富等重大问题进行了深入思考。他针对贵州贫困面较大、贫困程度较深的特点，认为毕节地区最具有典型性。

（一）毕节试验区的提出

1988 年 6 月 8 日，胡锦涛同志在毕节地区"开发扶贫、生态建设"试验区工作会上指出："就省内而言，一个贫困，一个生态恶化，仍然是严重困扰我省经济社会发展的两大突出问题。"针对当时推进改革中出现的犹豫、迟疑情况，他强调，开发扶贫、生态建设的试验区，首先必须是加快和深化改革的试验区。实行全方位扩大开放，当然包括向国外开放。要以改革总揽全局，坚持从贵州的实际出发，坚持生产力标准，采取一切有利于消灭贫困落后的特殊措施，探索解决贫困和生态恶化的新途径。改革是加快经济发展的动力，也是开发扶贫、生态建设的动力。6 月 9 日，经国务院批准，毕节"开发扶贫、生态建设"试验区正式成立，首次提出了"开发扶贫、生态建设、人口控制"三大主题。在今天看来，胡锦涛同志当年提出的重要思想，蕴含了科学发展观的核心内容，体现了生态文明建设的基本任务，其思想观念是具有远见卓识的。

（二）生态文明建设的基本经验

毕节试验区"开发扶贫、生态建设、人口控制"三大主题中的生态建设实质上就是生态文明建设的具体任务。生态建设既强调生态保护重视生态建设，又强调人的发展理念，体现的是人与自然和谐统一。但是，生态建设又离不开开发扶贫和人口控制两大任务，因此，采取坚持"边和贫困作斗争，边扩大生态张力"，坚持"把经济搞上去，把人口过快增长降下来"，坚持"把生态治理与扶贫开发紧密结合"的方法。具体而言，表现在以下几个方面：

生态经济方面。毕节试验区坚持经济效益、生态效益、社会效益相统一的原则，发展以干线公路生态经济长廊、特色经果林工程、生态旅游

（森林公园）建设工程、苗木花卉种植项目为主的生态经济。以建设集约化可持续生态农业为基础，大力转变经济增长方式和产业结构优化升级，以循环经济为核心的生态型经济正在逐渐孕育。积极探索市场经济体制下生态建设的新模式，大力发展循环经济，大力培育和扶持环保型、生态效益型的产业和龙头企业。牢固树立绿色发展理念，大力发展低碳产业和绿色经济，促进产业生态化、生态产业化。

生态治理方面。毕节试验区实施石漠化治理、退耕还林、天然林保护、草海治理、节能减排、矿山生态环境恢复等"十大重点生态工程"建设。充分利用国家延长退耕还林补助期的政策，巩固退耕还林成果，切实解决好退耕农户长远生计。建立煤炭等资源开发综合补偿机制和生态环境恢复补偿机制，推行资源开发和经济发展过程中的"开发者补偿、受益者补偿、破坏者赔偿、受损者获偿"等全方位、多层次资源开发补偿制度。按照"明晰所有权、放活经营权、落实处置权、确保收益权"的要求，加快推进林（草）权制度改革。实行有利于生态环境保护的财政、税收和信贷政策，建立多渠道生态环境建设投入机制。不断加大小流域治理等水土流失综合治理力度，逐步修复草海湿地生态系统，加强自然保护区建设和天然林资源保护，提升已建自然保护区等级，新建一批自然保护区。

生态布局方面。在总结 20 多年工作经验和发展模式的基础上，2008年毕节试验区制定了《贵州省毕节"开发扶贫、生态建设"试验区改革发展规划（2008—2020）》，提出了 2008—2020 年的奋斗目标。按照科学发展观和构建和谐社会的要求，通过做强"五大经济"，即绿色经济、循环经济、城镇经济、旅游经济、劳务经济，实现"五个转变"，即从资源大区向经济强区转变，从石漠化严重地区向生态环境优美地区转变，从人口大区向人力资本强区转变，从欠开放地区向全方位开放地区转变，从平安毕节向和谐毕节转变，达到"五个目标"：科学发展的试验田，长江、珠江上游重要的生态屏障，中国南方重要的能源和原材料基地，中国西部最具特色的旅游胜地和精品生态旅游区，川滇黔三省交会处的区域性经济中心。让家园美丽，走生态特色化、经济化的道路，已成为各县市区进一步探索和实施的一项重要工作。

（三）生态文明建设的主要成就

2013 年，毕节试验区经济总量翻了 5 番，地方财政收入名列全省前茅，实现了综合经济实力从全省排名末位到稳居第三的飞跃。贫困人口（1988 年统计口径）从 312 万人减少到 31.84 万人，实现了人民生活从普遍贫困到基本解决温饱的跨越。综合治理石漠化 361 平方公里、水土流失 789 平方公里，完成营造林 314 万亩，森林覆盖率从 14.9% 上升到 44.06%，实现了生态环境从不断恶化到明显改善的可喜变化。人口自然增长率控制在 6.1‰以内，实现了从高速增长到明显下降的转变。

二　生态文明建设的纵深地——贵阳生态文明城市

贵阳市早在 21 世纪初就开始探索发展循环经济。2002 年提出了"环境立市"的战略思想。2003 年完成了我国第一部循环经济专项城市规划，即《贵阳市循环经济生态城市建设总体规划》。2004 年实施我国第一部循环经济领域的法规，即《贵阳市建设循环经济生态城市条例》。2005 年出台《关于加快生态经济市建设的决定》。2006 年制定我国第一个生态经济市建设规划，即《贵阳生态经济市建设总体规划》。几乎每年都有新举措、新变化，发展的认识逐步升华，无论是发展循环经济还是探索生态经济，都为建设生态文明城市提供了理论基础和实践依据。

（一）贵阳生态文明城市的提出

2007 年 12 月，贵阳市委、市政府按照党的十七大提出的建设生态文明和贵州省第十次党代会提出的实施"环境立省"战略部署，作出《关于建设生态文明城市的决定》，在全国率先将建设生态文明城市作为当前和今后一个时期的施政纲领，把生态文明城市建设作为贯彻落实科学发展观的总抓手和切入点。在此之后，贵阳市着力转变经济发展方式，大力推进基本公共服务均等化，努力提高城市管理水平，推动了经济社会全面协调发展。至"十一五"末期，贵阳市总体产业结构较为合理、生态环境明显改善、市民幸福指数显著提升，走出了一条富有特色的跨越之路。

（二）生态文明建设的基本经验

贵阳市将生态文明建设纳入全市总体规划，明确提出了贵阳生态文明城市建设的总体目标，即"生态环境良好、生态产业发达、文化特色鲜明、生态观念浓厚、市民和谐幸福、政府廉洁高效"。之后，又制定了生态文明城市建设的"三步走"路线图。即 2008—2012 年是实践探索阶段，主要是确定生态文明立市理念，完善生态文明城市规划，重点是加强基础设施建设和实施四大治理工程；2012—2016 年是发展完善阶段，主要是形成合理、稳定的空间开发格局，安全、良好的生态产业体系以及和谐、包容的生态文化体系，在生态补偿机制、排污权交易、碳排放权交易等试点上取得新突破。2016—2020 年是基本建成阶段，实现贵阳生态文明城市建设的总体目标。

目前，贵阳市已基本完成生态文明城市建设的第一步任务，积累了宝贵的发展经验。特别是贵州省第十一次党代会以来，贵阳市紧紧抓住难得的发展机遇，在经济建设、社会发展、生态保护等各个方面都走在贵州省前列，凸显了"黔中发动机"、"黔中火车头"的引领作用。具体而言，表现在以下几个方面：

生态经济方面。贵阳市推进工业强市战略，将产业结构从偏重调到轻重协调发展、将产品结构从初级调到精深、将布局结构从分散调到集中、将所有制结构从国有经济占大头调到民营经济占大头，下大精力发展装备制造、铝及铝加工、磷煤化工、现代医药、特色食品、烟草制品六大特色产业。探索发展生态产业，加大对低污染、低能耗、高产出、高附加值的高新技术产业的扶持力度，培育新型材料、电子信息、节能环保等新兴产业。逐步推进经济结构调整，建立可持续的生产方式，把发展循环型产业园区经济作为推进新型工业化、转变发展方式的现实路径，以园区为载体，促进优势产业向园区集中、优势资源向优势产业集中。大力发展现代服务业，把发展旅游、文化、物流、金融、会展等现代服务业放在首要位置。

生态治理方面。贵阳市实施以治理"两湖一库"为重点的治水工程、以林业生态建设为重点的绿化工程、以提高空气质量为重点的治污工程、以治理"五脏五乱"为重点的整脏治乱工程。探索管理体制创新，组建"两湖一库"（红枫湖、百花湖、阿哈水库）管理局，成立全国首家环保法庭和审判庭，制定了全国首部生态文明建设的地方性法规。2012 年底，整合市环保局、林业局、园林局，并将市文明办、发改、工信、住建、城管、水利等部门涉及生态文明的相关职责划转，组建贵阳市生态文明建设委员会，是生态治理体制创新方面的又一创举。

生态布局方面。贵阳市把生态文明的理念贯穿到城乡总体规划、分区规划、控制性详规中，落实到城市空间布局、基础设施、产业发展、环境保护、人口发展等各个专项规划里，渗透到城市道路、城市建筑、城市景观、住宅小区等城市设计的各个方面。成立了贵阳市城乡规划委员会，根据不同区域的资源、环境承载能力、现有开发密度和发展潜力，先后编制《贵阳市城市总体规划（2009—2020）》、《贵阳市土地利用总体规划（2006—2020）》，完成了中心城区控规、重点地区和主要节点的城市设计、77个专业规划以及一市三县城市总规和控规，确定了"三区五城五带"空间布局，实现中心集镇和重点村庄规划全覆盖。

改善民生方面。贵阳市实施"学有所教"、"劳有所得"、"病有所医"、"老有所养"、"住有所居"、"居有所安"的"六有"民生行动计划，提高城乡居民生活满意度。坚持以民生带发展，持续开展"十大民生工程"，将市民的幸福指数作为生态文明城市建设的重要指标。同时，有关部门还深入开展"依法治理两湖一库，确保市民饮水安全"、"森林保卫战"、"除尘降噪"等环境专项治理，逐步形成"城中有山、山中有城，城在林中、林在城中"的良好生态，满足广大市民的基本生态需求，逐步改善人居生活环境。

生态文化方面。贵阳市通过大力培育城市精神、培育市民文明行为、积极倡导生态文化，"知行合一，协力争先"的贵阳精神逐渐在全市上下形成普遍共识，践行生态文明生活方式开始成为自觉行动。开展低碳社区、低碳园区、低碳企业创建等方面的工作，节能减排和低碳环保等理念编入中小学教材，实现生态文明教育的全覆盖。倡导低碳生活与绿色消费，低碳社区建设的"贵阳模式"得到国家有关部门的肯定。借助生态文明贵阳会议，搭建了传播生态文明理念和对外交流合作的平台，已经逐渐成为我国建设生态文明、推动绿色发展的一个具有深远影响力的长期性、制度性论坛品牌。2009—2014年连续举办了6年，分别以"发展绿色经济——我们共同的责任"、"绿色发展——我们在行动"、"通向生态文明的绿色变革——机遇和挑战"、"全球变局下的绿色转型和包容性增长"、"建设生态文明：绿色变革与转型——绿色产业、绿色城镇、绿色消费引领可持续发展"、"改革驱动、全球携手，走向生态文明新时代"为主题。

（三）生态文明建设的主要成就

2013年，贵阳市生产总值增长22.65%，生产总值年均增长16%以上，位居全国省会城市前列。森林覆盖率从34.7%提高到44.2%，饮用水源水质达标率100%，空气质量优良率达76.2%，获得全国首个"国家森林城市"称号、全国唯一的"中国避暑之都"称号，逐步形成"城中有山、山中有城，城在林中、林在城中"的良好生态。国家发改委正式批复《贵阳建设全国生态文明示范城市规划》，这也是在党的十八大闭幕后全国首家获批的城市规划，为第二步贵阳生态文明城市的发展完善奠定了基础，也标志着贵阳生态文明建设正步入纵深推进新阶段。

三　生态文明建设的试验田——黔东南生态文明建设试验区

黔东南州作为原生态试验区，原生的民族文化、原始的自然状态、古朴的历史遗存给人留下了深刻印象。在这样一个少数民族聚居区，保护生态、节约资源与发展经济、摆脱贫困并举，为少数民族贫困地区的生态文明建设先行探路。黔东南生态文明建设试验区始终围绕"既要金山银山，也要绿水青山"的发展理念，在保护原生态元素、挖掘非物质文化遗产、发展生态旅游方面采取了有效举措，从单一的开发旅游景点到发展生态文化小城镇，形成了具有民族发展特色的试验区。黔东南州从过去"以木换粮"的"木头"财政，走上了今天"生态立州、旅游活州"的生态旅游经济之路，也是贵州生态旅游发展卓有成效的一个缩影。

（一）黔东南生态文明建设试验区的提出

贵州省委十届二次全会明确提出"探索建立黔东南生态文明建设试验区"的战略部署，对加快黔东南州经济社会发展、全面建设小康社会具有决定性意义。2007年12月，黔东南州委八届三次全会确立"坚持走生态文明崛起的科学发展道路"，明确了黔东南今后发展的定位和方向，即形成以生态经济功能区为主的镇远历史文化和舞阳河山水风光旅游经济圈、雷公山苗族原生态文化和自然生态旅游经济圈、黎平侗族原生态文化和三板溪湖苗族原生态文化旅游经济圈，以城市经济功能区为主的凯里城市经济圈，以工业经济功能区为主的黔东工业经济区。这也是在省内与贵阳几乎同时提出走生态文明发展之路的地级市。

（二）生态文明建设的基本经验

黔东南生态文明建设试验区提出以"自然生态、人文生态、经济生态"为发展目标，以基本形成节约能源资源、保护生态环境的产业结构、增长方式和消费模式为主线，以生态产业、生态人居、生态文化、生态安全、生态支撑体系建设为重点，以体制创新和特别政策支持为动力，以全面提升全州生态服务功能价值为突破口，把扩大经济总量与转变发展方式结合起来，突出加速发展、加快转型、奋力赶超、推动跨越的主基调，积极推进"生态黔东南、绿色试验区"建设。具体而言，表现在以下几个方面：

生态经济方面。黔东南大力推进农业化基地建设，加快发展生态、特色、高效农业，启动了工业原料林、草地畜牧业及特色养殖业、茶叶、油茶、优质烤烟、中药材、竹产业、绿色食品等十大产业基地规划建设，打造了 20 多个省级以上农产品品牌，培育了 100 多家农业龙头企业。加快传统产业改造升级，按照"扬大、放小、汰劣"的思路，通过"扶大压小"对电冶产业、木材加工产业进行清理整顿，采取关停高耗能高污染企业、优化资源配置、配套环保设施和异地搬迁等措施，加快推进高耗能工业、森工企业和部分矿山资源优化配置、扶优促强。大力发展资源消耗少、环境污染小、辐射带动力强的加工企业，形成了特色食品、民族医药、新型能源开发、机械电子、民族工艺品生产等一批科技型环保型产业。

生态治理方面。黔东南以保护生态为引领，调整和扩大公益林的覆盖范围，兼顾水源涵养区、河流两岸、城镇周边、风景名胜区、自然保护区、交通干道沿线的保护，启动了保护生态环境的若干措施。麻江、岑巩、镇远县实施了小水电代燃料工程，麻江、黄平、施秉、镇远、岑巩 5 个县启动了石漠化治理工程，加大了退耕还林和封山育林力度，巩固和提高生态比较优势。

生态布局方面。黔东南先后启动从江洛（香）贯（洞）产业转移承接区、丹寨金钟产业承接区和凯里炉山循环经济工业区的规划编制工作，将全州国土区域按工业发展区、城镇发展区、旅游发展区、生态保护区四个大类进行划分，全州区域布局基本形成。加快推进凯里区域中心城市和黔东新城、黎平、榕江三个区域次中心城市以及以县城为重点小城镇建设，大力发展以服务业为主的第三产业，不断提升城镇的综合承载能力和辐射带动能力。

生态文化方面。黔东南借助贵州旅游产业发展大会、多彩贵州·中国原生态国际摄影大展和中国·贵州·凯里原生态民族文化艺术节，深入挖掘民族民间特色文化，积极推动文化与旅游业融合，在旅游文化产业升级中体现生态文化。把加强民族文化保护、建设民族文化旅游大州作为推进生态文明试验区建设的重要目标，并在省内率先开展地方立法保护民族文化。充分依托各种专家座谈会、研讨会，通过专家学者的建言献策，为黔东南州的生态文明建设把脉，特别是在 2010 年 7 月举办的黔东南生态文明建设试验区发展研讨会上组建了省内第一家政府主导型的黔东南院士专家服务中心。

（三）生态文明建设的主要成就

2013 年，黔东南州生产总值增长 16.1%，旅游业拉动效应明显，占GDP 比重约 43.5%。公益林覆盖范围上升到 98.01 万公顷，森林覆盖率从 34.7% 提高到 62.78%，高于全省 20 多个百分点。编制完成《贵州省黔东南州环境保护与生态建设规划（2008—2020）》，研究制定《黔东南生态文明建设试验区生态建设统计监测指标体系》，在经济发展、经济与环境、社会进步三个方面都取得较大进步。

第二节　贵州生态文明的政策供给脉络

贵州历来重视经济发展与生态建设，始终将可持续发展战略作为经济社会发展必须长期坚持的基本原则，强调把保持良好的生态环境作为贵州突出的竞争优势之一，把生态文明建设作为贵州后发赶超的重要抓手，努力推动人与自然的和谐发展。从 20 世纪 80 年代设立的毕节试验区开始，贵州生态文明的探索就没有止步，这为生态环境方面的法规政策制定奠定了基础；与此同时，不同层面的政策也在支撑着贵州生态文明建设的实践。

政策作为上层建筑的一个重要组成部分，是一种潜在资本，对社会经济发展具有重大的促进或抑制作用。从世界各国发展历史看，通过政策倾斜来实施落后地区的开发是各国政府普遍采用的有效手段。贵州生态文明政策供给主要涵盖水利建设、生态建设、石漠化治理、特色产业等领域，包括国家和贵州省两个层面的重大政策文件。

一　国家层面的政策供给

早在 1993 年，中国政府为落实联合国大会决议，制定了《中国 21 世纪议程——中国 21 世纪人口、环境与发展白皮书》，指出"走可持续发展之路，是中国在未来和下世纪发展的自身需要和必然选择"。1996 年 3 月，八届全国人大四次会议通过的《中华人民共和国国民经济和社会发展"九五"计划和2010年远景目标纲要》，进一步明确把"实施可持续发展，推进社会主义事业全面发展"作为我国的战略目标。自20世纪90年代以来，可持续发展的方针已被列为我国的基本国策，成为最早在生态环境保护方面的行动指引，也是全国各地实践可持续发展的制度保障。特别是党的十七大以来，生态文明上升为国家战略，开始对生态文明建设进行总体部署，但更侧重于对西部地区的生态安全考虑。贵州作为西部地区的重要资源省份，生态环境的脆弱性更加凸显，而国家层面的生态文明政策供给为包括贵州省在内的区域生态文明建设提供了重要支撑。

（一）党的十七大对生态文明建设的部署

2007年10月，党的十七大把建设生态文明列入全面建设小康社会的奋斗目标，提出基本形成节约能源资源和保护生态环境的产业结构、增长方式、消费模式。循环经济形成较大规模，可再生能源比重显著上升。主要污染物排放得到有效控制，生态环境质量明显改善。生态文明观念在全社会牢固树立。具体包括：开发和推广节约、替代、循环利用的先进适用技术，发展清洁能源和可再生能源，保护土地和水资源，建设科学合理的能源资源利用体系，提高能源资源利用效率。加大节能环保投入，重点加强水、大气、土壤等污染防治，改善城乡人居环境。加强水利、林业、草原建设，促进生态修复，实行有利于科学发展的财税制度，建立健全资源有偿使用制度和生态环境补偿机制。

（二）实施西部大开发对构建生态安全屏障的政策意见

2010年6月，中共中央、国务院印发了《关于深入实施西部大开发战略的若干意见》（中发〔2010〕11号），这个文件将构建国家生态安全屏障摆在新一轮西部大开发的重要战略位置，指出生态建设和环境保护是西部大开发的基本前提，强调以重点生态区为依托，以重点生态工程建设为抓手，加强部门协作和监测评估，促进生态环境整体趋好。具体包括：加强水利基础设施建设，推进重点生态区综合治理，加快重点生态工程建设，加强环境保护和地质灾害防治，大力发展特色农业，推进节能减排和发展循环经济，大力扶持贫困地区加快发展。明确将贵州贫困县较集中的武陵山区、乌蒙山区纳入重点扶贫区域，完善财政、税收、投资、产业、土地、价格、生态补偿等政策措施。

（三）系统性支持贵州生态文明建设的政策意见

2012年1月，《国务院关于进一步促进贵州经济社会又好又快发展的若干意见》(国发〔2012〕2 号)把着力加强交通、水利设施建设和生态建设列入支持贵州发展的指导思想,首次提出把贵州建成长江、珠江上游重要生态安全屏障。这也是第一个针对贵州经济社会发展的国家层面政策文件,深入系统地分析了贵州经济社会发展面临的现状,重点强调了支持贵州生态文明建设的政策倾向,具体包括:

第一,全面实施《贵州省水利建设生态建设石漠化治理综合规划》,消除工程性缺水和生态脆弱的瓶颈制约。加大水利建设力度,推进一批大型水库建设,开工建设一批中小型水库和引提水工程项目。继续实施天然林资源保护、长江珠江防护林、速生丰产林、水土保持等工程,加强水源地和湿地保护。突出抓好石漠化综合治理,加大石漠化防治力度,提高单位面积治理补助标准。继续推进乌江、赤水河和南北盘江等流域水环境综合整治,实施红枫湖、百花湖、万峰湖等饮用水水源地环境综合整治工程,加强草海等湖泊环境保护和综合防治。第二,壮大特色优势产业,增强自我发展能力。走新型工业化道路,加快构建现代产业体系。大力发展资源深加工产业,积极发展特色轻工业,培育发展战略性新兴产业,发展文化和旅游产业。第三,加快城镇化进程,推进新农村建设。实施中心城市带动战略,培育黔中城市群,建设一批节点城市和特色小城镇,提升中小城市承载能力。根据经济发展需要适时研究调整优化行政区划。把贵阳建设成为全国生态文明城市、西部地区高新技术产业重要基地、区域性商贸物流会展中心。加强城市园林绿化建设。第四,深入推进扶贫开发,促进民族地区跨越发展。坚持开发式扶贫方针,以推进民族地区跨越发展为重点,创新扶贫开发机制,加大扶贫开发力度,加快脱贫致富步伐。完善扶贫开发工作布局,加大扶贫攻坚力度,支持民族地区跨越发展。

(四)党的十八大对生态文明建设的再部署

2012 年 11 月,党的十八大把生态文明纳入社会主义现代化建设的总体布局,将生态文明建设放在突出位置,融入经济建设、政治建设、文化建设、社会建设各方面和全过程,努力建设美丽中国,实现中华民族永续发展。提出要不断开拓生产发展、生活富裕、生态良好的文明发展道路。森林覆盖率提高,生态系统稳定性增强,人居环境明显改善。加快建立生态文明制度,健全国土空间开发、资源节约、生态环境保护的体制机制,推动形成人与自然和谐发展现代化建设新格局。具体包括:着力推进绿色发展、循环发展、低碳发展,形成节约资源和保护环境的空间格局、产业结构、生产方式、生活方式，从源头上扭转生态环境恶化趋势。进一步优化国土空间开发格局，全面促进资源节约，加大自然生态系统和环境保护力度，加强生态文明制度建设。

二　省级层面的政策供给

2004 年 7 月，贵州省委九届五次全会审议通过的《关于加大力度实施西部大开发战略的若干意见》中明确提出"坚持生态立省，扎实推进生态文明建设和环境保护"，成为全国较早提出"生态立省"战略的省份之一。2007 年 4 月，贵州省第十次党代会认真总结贵州实施可持续发展战略和"生态立省"战略以来取得的成效，明确地把"生态立省"战略提升为"环境立省"战略，并将"保住青山绿水也是政绩"纳入新的执政理念，提出大力推进生态文明建设，把建设生态文明作为实现贵州经济社会发展历史性跨越的根本途径，这一战略是对可持续发展战略、生态立省战略的继承和提升。近年来，贵州把生态文明的理念、原则、目标等融入坚持"加速发展、加快转型、推动跨越"的主基调和重点实施工业强省、城镇化带动战略，推进农业现代化的全过程，在绿色转型与包容性增长中，努力走出一条破解资源环境制约难题、使全体人民共享改革发展成果的新路子，在《"十一五"规划纲要》、《"十二五"规划纲要》和省第十一次党代会等文件材料中不断完善、不断创新，有力支持了贵州生态文明建设，在政策制定过程中努力实现经济效益、社会效益和生态效益同步提升。

（一）《"十一五"规划纲要》中有关生态文明的政策意见

《贵州省国民经济和社会发展第十一个五年规划纲要》中首次把"生态立省"作为四大战略之一提上议事日程，提出扎实推进西部大开发和新阶段扶贫开发，加强基础设施建设和生态环境保护，推进经济结构调整和经济增长方式转变，壮大特色优势产业，发展循环经济，加快新型工业化、农业产业化和城镇化，把加快发展与全面、协调发展结合起来，坚持节约发展、清洁发展、安全发展，推进可持续发展，力争在经济和科技的一些重要领域和关键环节实现跨越式发展。有关生态文明的政策意见包括：

第一，大力发展循环经济。以优化资源利用方式为核心，以提高资源利用率和降低废弃物排放为目标，以技术创新和制度创新为动力，以工业基地、工业园区、中心城市和火电、煤及煤化工、磷及磷化工、铝及铝加工、制药业、食品工业等为重点,大力推广循环经济发展模式,推进资源节约、资源综合利用和清洁发展,逐步形成低投入、低消耗、低排放和高效率的节约型增长方式。第二,大力实施生态建设。重点在西部实施石漠化治理工程、在中心城市周围开展森林等生态资源管护、在东部发展速生丰产林基地,高质量实施生态工程。坚持保护优先,开发有序,按照谁开发谁保护、谁受益谁补偿的原则,加快建立生态补偿机制。第三,加大环境保护和污染治理力度。坚持预防为主、保护优先,进一步加强环境保护和污染防治,大力推行清洁生产,减少污染排放。第四,解决工程性缺水问题。坚持"大中小微相结合、以中小水利设施为主,蓄、引、提、排、节相结合,以蓄、节水为主",加快重点骨干水利工程、大型灌区建设改造工程、水利配套工程、病险水库治理工程和"三小"为主的雨水集蓄利用"益民工程"建设。第五,加快旅游产业建设。积极培育以旅游业、生态畜牧业为重点的后续支柱产业。按照把我省建成多民族特色文化和喀斯特高原生态旅游的重要目的地和中国西部旅游热点地区的要求,整合旅游资源和各方面力量,实施重点带动战略和旅游精品战略,大力推进旅游业结构调整和增长方式转变。

(二)《"十二五"规划纲要》中有关生态文明的政策意见

《贵州省国民经济和社会发展第十二个五年规划纲要》中把建设生态文明、保护青山绿水作为加快转变经济发展方式的重要内容。强调牢固树立节约资源、保护环境、建设生态的可持续发展理念,发展循环经济、绿色经济、低碳经济,加快建设资源节约型、环境友好型社会,走生产发展、生活富裕、生态良好的文明发展之路。有关生态文明的政策意见包括:

第一,深入开展生态建设。围绕"两江"上游重要生态屏障建设,实施石漠化综合治理、天然林资源保护、退耕还林、珠江防护林、林业特色优势资源建设、森林公园建设、速生丰产林建设、湿地保护建设工程,提高森林覆盖率。第二,大力发展循环经济。以提高资源产出效率为目标,加强规划指导、财税和金融等政策支持,完善法律法规,实行生产者责任延伸制度,推进生产、流通、消费各环节循环经济发展。第三,扎实推进节能降耗。落实节约优先战略,全面实行资源利用总量控制、供需双向调节、差别化管理。实施节能减排工程,严格监管重点能耗企业,加快淘汰落后产能，全面推进节能、节水、节地、节材，实施清洁生产。第四，切实加强保护环境。加强重点流域、重点区域和重点城市的环境保护，推进流域水环境综合整治，加强集中式饮用水源地环境保护，切实改善城市空气质量，让人民群众喝上干净水，呼吸上新鲜空气。第五，加快建设旅游经济大省。把贵州建设成为具有重要吸引力的观光体验、休闲度假、康体养生和民族文化旅游目的地，把旅游业培育成为贵州的战略性支柱产业和人民群众更加满意的现代服务业。第六，统筹推进不同区域协调发展。支持毕节试验区和安顺试验区、贵阳生态文明城市、黔东南生态文明试验区、黔西南"星火计划"科技扶贫试验区和铜仁营养健康产业示范区建设。争取国家支持在贵州建立内陆民族地区转变经济发展方式试验区。第七，加快解决工程性缺水。坚持水利建设、生态建设、石漠化治理综合规划，以重大水利枢纽工程为龙头，以大中型水利工程为骨干，以小型水利工程为基础，以微型水利工程为补充，逐步建立生活、生产、生态用水安全保障体系。

（三）省第十一次党代会对生态文明建设的部署

2012 年，贵州省第十一次党代会提出要坚持以生态文明理念引领经济社会发展，实现既提速发展，又保持青山常在、碧水长流、蓝天常现。具体政策意见包括：大力实施水利建设、生态建设、石漠化治理"三位一体"综合规划，切实扭转水土流失和石漠化扩大趋势。实行环境保护区域责任制，加强节能减排，决不走"先污染后治理、边污染边治理"的老路。大力实施生态移民工程，逐步把生活在不具备生存条件的深山区、石山区、高寒山区和地质灾害高发区 35 万户 150 万农村贫困人口搬出大山。按照区域发展带动扶贫开发、扶贫开发促进区域发展的新思路，大力实施集中连片特殊困难地区发展规划，加快贫困地区基础设施、优势产业、人口素质的提升，大幅度减少贫困人口。全面启动地处武陵山区、乌蒙山区、滇桂黔石漠化地区的集中开发扶贫。

三　生态文明示范区的政策供给

前已提及，贵州在生态文明探索中逐步走出一条符合自身发展的特色之路，形成了以贵阳市、毕节市、黔东南州为代表的生态文明示范区，省委、省政府在此基础上相继出台支持贵阳市、毕节市生态文明建设专项政策意见，进一步明确了战略定位、发展目标，提出示范区可以先行先试，并将部分省级审批事项权下放至地市级。目前,虽然没有出台专门针对黔东南州的专项政策意见,但在贵州省"十一五"、"十二五"规划和一些重点建设项目上都专门提及黔东南州生态文明建设,省级层面的支持力度也是明显增强。这里,主要归纳贵州省委、省政府支持贵阳生态文明城市、毕节试验区建设的有关政策。

(一)支持贵阳生态文明城市建设的政策

《贵州省委、省政府关于支持贵阳市加快经济社会发展的意见》中提出,贵阳市生态建设和环境保护继续加强,环境质量要有明显提升,在生态环境保护和建设、民生改善等方面实现重大突破,在全省率先实现全面建设小康社会的目标。明确将由省一级审批的事项最大限度地下放给贵阳市,给予自主发展的活力。比如,在土地政策方面,提出对贵阳市上划省的土地出让收入返还政策今年继续执行,并在"十二五"期间维持不变。在全省土地利用总体规划范围内,依据贵阳市新一轮土地利用总体规划,根据贵阳市经济社会发展对建设用地需求情况进行重点支持,逐年增加贵阳市建设用地年度计划指标和在全省土地利用年度计划中的比例。贵阳市中心城区以外区域(花溪、乌当、白云的部分乡镇及三县一市)所涉及的建设用地报批,依据贵阳市新一轮土地利用总体规划申报用地,按要求做出申报用地与本级土地利用总体规划大纲相衔接的说明,随同用地报件一并上报。

(二)支持毕节试验区建设的政策

《贵州省委、省政府关于加快推进毕节试验区新一轮改革发展的意见》中提出,毕节试验区要紧扣"开发扶贫、生态建设、人口控制"三大主题,突出"加速发展、加快转型、推动跨越"主基调,着力推进经济结构战略性调整,着力增强自我发展能力,着力促进城乡区域协调发展,着力提高资源节约和环境保护水平,为全省科学发展闯出一条新路,为加快区域协调发展提供有益经验,为统一战线服务科学发展和多党合作做出重要示范。要实现从集中力量解决温饱问题向稳定解决温饱并走向小康的转变,从遏制自然生态恶化趋势向经济社会发展与生态保护利用良性循环的转变,从主要控制人口增长向控制人口数量与提高人口质量并重的转变。开展促进生态建设新机制的改革试验,积极推进"毕节国家可持续发展实验区"建设,加强矿山生态环境建设等环境保护工作,加快发展现代农业,加快发展以旅游业为重点的第三产业。

第三节　贵州生态文明的政策演进特点

作为西部地区的贵州省而言，面临着经济发展和生态保护的双重使命，建设生态文明已经成为全省光荣而艰巨的特殊使命，这既是对我国国情的深刻认识，也是基于贵州省情的正确把握。近年来，贵州充分抓住西部大开发的战略机遇期，全面贯彻落实国家生态保护的有关政策，并结合省情出台了一系列政策，初步形成贵州生态文明政策支撑体系。

贵州生态文明探索从 1987 年毕节试验区成立，至今已有 27 个年头。生态文明理念始终贯穿于经济社会发展的不同阶段，生态文明已经成为贵州转变经济发展方式的风向标。但是，在转变经济发展方式、探索新型发展道路中，贵州生态文明的政策是逐步推进、不断扩充的，有些政策就是针对新情况、新问题制定的。据不完全统计，27 年来，贵州省政府、各厅局、地州市出台的生态建设、环境保护、资源节约等方面的政策法规和各类规划纲要近百件。这里，主要从宏观层面对战略定位、侧重领域、政策延续进行初步的分析，也为后续生态文明指标体系的理论构建提供铺垫。

一　从区域试点探索向全面总体布局演进

贵州生态文明建设遵循"探索试点、重点突破、全面发展"的指导方针，与之相配套的各项政策也是从地州市层面向省级、国家层面演进的。在区域试点初期，毕节试验区作为贵州生态文明建设的先行区，政策落脚点在于"开发扶贫、生态建设、人口控制"。特别是在生态建设方面，毕节试验区实行以退耕还林还草为重点的植物措施为主，并与"坡改梯"等工程措施、耕作措施相结合的综合治理，以形成生态系统内各要素的优化组合，这些政策主要着眼于专项工程建设、退耕还林还草的财政补助。在此基础上，还在启动市场经济机制、实施对外开放方面进行了相关政策探索。之后，贵阳市、黔东南州也相继开始了区域试点探索，并以各地党委、政府名义作出了建设生态文明的决定。27 年的贵州生态文明探索，基本勾勒出不同区域建设生态文明的典型样板。这属于探索试点、重点突破阶段，具体配套政策主要停留在各地州市层面。

三个区域试点探索为全省生态文明总体布局奠定了基础。2007 年，贵州省第十次党代会提出实施"环境立省"战略部署，正式将生态文明建设作为全省的总体战略。《贵州省国民经济和社会发展第十一个五年规划纲要》在发展循环经济、生态建设、环境保护、民生工程、旅游产业方面提出了倾向性意见,各部门也相继出台支持重点产业、各种生态工程的政策意见。2012 年,贵州省第十一次党代会提出要坚持以生态文明理念引领经济社会发展,仍然将生态文明摆在重要位置,并在《贵州省国民经济和社会发展第十一个五年规划纲要》中进一步明确完善,有关厅局也相继出台了详细的实施政策。这属于全面发展阶段,具体配套政策主要停留在国家和省级层面。从战略定位看,贵州生态文明建设实现了从区域试点探索向全面总体布局演进。这是第一个特点,主要是从政策本身层面和政策涵盖的区域空间分析的。

二　从生态环境补偿向生态综合治理演进

随着对生态文明和贵州省情认识的不断深入,生态文明的发展阶段也逐渐发生变化。最初的一系列措施是针对石漠化综合治理、退耕还林、天然林资源保护、流域水资源保护、湿地保护等,主要通过转移支付、贴息贷款、税收减免等财政金融手段进行生态环境补偿,这也是建立生态补偿机制的雏形,它是从投入角度考虑如何保护生态环境。但是,单一的环境保护政策并不能完全解决经济社会发展中的突出矛盾,生态资源的承载能力是有限的,被动式的"先污染后治理、边污染边治理"路子也是不可持续的。可以说,早期的贵州生态文明政策不仅是局部的,也是单一的,缺乏多种政策的组合。

生态文明建设是一项系统工程,带有全局性、综合性。生态环境保护不是一个部门的事情,也不是一类政策能解决的,需要从经济社会发展的角度统筹解决,这里就涉及扶贫开发、产业发展、资源利用、环境整治等方面。毕节、贵阳、黔东南在探索发展过程中也逐渐向生态综合治理转变。政策供给不仅涉及环保、财政、税收等,还涉及扶贫开发、产业布局、区域规划、人才支持等。之后,贵州"环境立省"、"生态文明引领"的主导思想在总体规划和政策扶持方面都有所体现,这也符合国家生态文明的战略部署。特别是贵州省第十一次党代会以来,将生态文明建设与转变经济发展方式结合考虑,以工业化、城镇化、农业现代化"三化同步"为动力,提出生态文明建设系统性政策,比如,发展循环型产业园区推进新型工业化、加快推进小城镇建设、实施生态屏障系统工程,等等。从侧重领域看，贵州生态文明建设实现了从生态环境补偿向生态综合治理演进。这是第二个特点，主要是从政策本身层面和政策涉及的类别领域分析的。

三　从生态文明向"五位一体"演进

生态文明是建立在工业文明基础上的一种文明形态，是现代工业高度发展的阶段产物。生态文明不仅涉及环境保护、资源节约，还涵盖了经济社会各个方面。从党的十七大提出把建设生态文明列入全面建设小康社会的奋斗目标，到党的十八大把生态文明纳入社会主义现代化建设的总体布局，是对生态文明思想内涵、战略定位和重点任务的新认识，将生态文明建设放在突出位置，融入经济建设、政治建设、文化建设、社会建设各方面和全过程。这种新的认识在各地的生态文明建设实践中也在不断升华，贵州生态文明的发展脉络也正是这种演进的践行者。

推进生态文明建设，是涉及生产方式和生活方式根本性变革的战略任务。政策供给需要国家制度层面进行调整充实，地方也需要逐渐探索出路，进而形成自上而下的政策脉络体系。如何实现"五位一体"总部署，是今后很长一段时期国家生态文明政策演进的总体趋势，也是贵州生态文明建设突破的重要机遇窗口。从政策延续看，贵州应该将生态文明建设融入经济建设、政治建设、文化建设、社会建设各方面和全过程，这一政策演进在省委、省政府近两年出台的文件中也有所体现，但还要与国家层面的政策供给相衔接。因此，第三个特点主要是从动态发展层面考虑的，而不是前面两个特点中提出的"实现"状态，政策演进具有必然性。

第四节　生态文明指引下的贵州城镇化探索

贵州省作为多山地区的西南内陆省份，既面临可利用土地资源十分有限、工程性缺水较为严重、区域生态环境比较脆弱等外在严峻形势，也面临经济发展相对滞后、历史欠账较多、自身财力不足的内在压力，在这样一个地区探索新型城镇化道路具有典型示范意义。近年来，贵州省始终将城镇化带动战略作为当前和今后一段时期经济社会发展的两大主导战略之一，把加快城镇化发展作为"加速发展、加快转型、推动跨越"的重要载体和支撑，推进城镇化与工业化、信息化和农业现代化同步发展，在探索多山地区城镇化发展中积累了许多有益经验,比如城乡规划编制、产城良性互动、城乡统筹推进、生态文明建设等方面,但也存在一些值得关注的问题和方向。

一 城乡规划编制的"贵州特色"

城乡规划在城镇化建设中具有重要引领作用,能够体现一个地区城镇化发展的总体思路。贵州立足自身省情,坚持走有特色、集约型、多样化的山区绿色城镇化道路。"十二五"期间,先后组织编制《贵州省城镇体系规划纲要(2011—2030)》、《黔中经济区核心区空间发展战略规划》等重大规划项目,更加注重山地资源的特殊性和区域空间的异质性;着力优化城镇化区域发展布局,积极培育构建以贵阳中心城市、贵安新区为核心的黔中城市群,逐步拓展以区域中心城市为依托、中小城市为重点、小城镇为基础的城镇综合发展体系。"贵州特色"主要体现在:

(一)突出"山地"特色

多山地区的地理属性和欠发达的经济约束决定了贵州不能沿用"摊大饼"的发展模式,而是依托山水自然阻隔,探索"蒸小笼包"的新路子。特别是在平原耕地稀缺的情况下,充分利用低丘缓坡,向山要地,实行"城镇上山"和"工业上山"。此外,在城市建筑风貌上主张"道法自然",打造融合山水风光、民族风情、时代风貌的特色小镇,例如,黔东南州发挥山形水系的地貌特点,苗寨依山而建、侗寨邻水而修,规划建设山地新型城镇,将山水、田园、村落、都市融为一体。

(二)彰显民族文化

贵州将民族文化传承和非物质文化遗产保护作为城乡规划编制的重要内容,不同地州都突出当地民族的文化特色,将建筑学与美学有机结合,不断提炼、运用民族建筑的成熟元素和符号,进一步提升城乡居民对传统文化的认同感。例如,黔东南州按地域和民族分布情况,在城乡规划编制中专门划定苗族、侗族、苗侗建筑结合的建筑风貌控制区和徽派或清水江木商文化建筑风貌控制区,以及多元建筑文化并存的建筑风貌控制区。

(三)强化生态人文

作为两江上游的重要生态屏障,贵州始终坚持重视生态治理和环境保护,实行环保规划、城镇总体规划和土地利用规划同步编制,加大城市绿地系统的营建力度。与此同时,还重视历史文脉的传承与保护,在城镇化建设中注重城市品味培育和文化软实力打造。例如，铜仁市专门针对旧城区改造提出"两增、两减、两保"的规划原则，即增加公共空间和城市绿地、减少建筑物总量和城区人口总量、保护历史文脉和山水河道。

二　产城良性互动的主要载体

产业发展与城市建设是一个相互协调、相互作用的过程，注重产城互动、强化产业引领是城镇化健康发展的重要内涵。贵州在推进新型城镇化过程中，坚持城市与工业园区互动发展、产业布局与城镇体系布局有机结合，主动培育和发展支柱产业，逐步吸引人口向非农产业聚集。在具体工作中，贵州以"五个100工程"①为主要载体，其中，与城镇化建设紧密相关的是重点打造100个产业园区、100个特色示范小城镇和100个城市综合体。此外，贵州还通过完善城市基础设施、优化城市交通路网，加强城市综合承载力和辐射带动力。主要表现在：

（一）重点打造100个产业园区

从产业园区规划建设入手，将产业园区纳入城镇总体规划范围实施统一管理，推进以路、水、电、气、治污、环保、通信、网络为主的基础设施建设和标准厂房建设，配套必要的生活服务和文化娱乐设施，比如学校、医院、物流、餐饮、零售等机构，避免产业园区的城市功能弱化。积极发展园区主导产业、特色产业和高新技术产业，大力培育龙头企业和高新技术企业，促进关联企业集聚发展。加强职业技能培训和职业技术教育，积极推广"产业园区＋标准厂房＋职业教育"模式，引导中职学生、本地农民和外出务工人员就近就业。截至2013年上半年，已有产业园区完成规模以上工业增加值701.6亿元，占全省规模以上工业增加值的53.6%，新增就业7.9万人，占全省城镇新增就业人数的31.4%。非农产业的集聚效应逐步显现。

（二）重点打造100个特色示范小城镇

按照"小而精、小而美、小而富、小而特"的要求和"六型"小城镇（交通枢纽型、旅游景观型、绿色产业型、工矿园区型、商贸集散型、

_____

① "五个100工程"是贵州实现后发赶超、同步小康的战略支撑点和发展增长点，是推动发展的大平台、政府工作的大擂台。其具体内容包括：重点打造100个产业园区、100个高效农业示范园区、100个特色旅游景区、100个特色示范小城镇、100个城市综合体。

移民安置型）的特点，遴选 100 个示范小城镇作为重点培育发展对象，进一步提升小城镇层级档次、增强小城镇发展能力，带动城乡协调发展。具体举措包括：提升优化 100 个示范小城镇总体规划，完成 100 个示范小城镇详细规划；实施"八个一工程"，即建设或完善一个路网、一个标准卫生院、一个社区服务中心、一个农贸市场、一个市民广场或公园、启动一个污水处理设施或垃圾处理设施项目、建设一个敬老院、建设一项城镇保障性安居工程；加大省级财政投入力度，设立小城镇建设专项资金，采取公开竞争性资金分配机制。目前，贵州已遴选出 30 个省级示范小城镇和 70 个市（州）级示范小城镇。

（三）重点打造 100 个城市综合体

以现代服务业为主导，集合三种或三种以上功能（比如，商业、办公、酒店、餐饮、文娱、居住等），依托大中城市枢纽位置，进行重点打造设计若干互为价值链、各类业态高度集聚的建筑或建筑街区。按照体现山区城市特点、民族文化特色和生态文明特征的要求，探索具有贵州风格城市综合体建设新路子。在具体推进过程中，贵州相关部门坚持分类指导，从商贸、居住、会展、旅游、文化等方面进行功能区分，每个城市综合体在规划设计中至少应用 3 个以上山地自然资源景观元素、历史民族文化元素和建筑符号，增强城市的可阅读性和可识别性，以期实现城市综合体错位发展。截至 2013 年上半年，贵州已遴选出 129 个项目纳入 100 个城市综合体建设，基本实现了 88 个县级全覆盖，对进一步完善城镇综合功能，扩大城镇、农村居民消费起到较好作用。

（四）加大城市综合承载力建设

重点推进形成以贵阳—安顺为核心，遵义、毕节、都匀、凯里等中心城市为支撑，快速交通通道为主轴的"一核三带多中心"黔中城市群。各中心城市推进城市骨干路网和区域城际主干道工程建设，逐步实现旧城区、产业园区和城市新区有机衔接，例如，铜仁市提出"规划先行、拉开路网、建设新区、提升老区"的思路。依托主要交通干线，立足资源禀赋和产业基础，打造贵阳—遵义、贵阳—都匀凯里、贵阳—毕节经济带和新型重化产业发展带、现代服务业及先进制造业发展带、特色产业发展带，切实增强城镇就业吸纳能力和城市人口聚集能力。

三 城乡统筹推进的主要做法

促进基本公共服务均等化是城乡统筹推进中的重要内涵所在，实现人的城镇化，更多地要解决教育、住房、医疗、养老等方面资源优化配置。贵州在经济加速发展的同时，也十分注重补齐民生短板，近年来，不断加大社会保障和民生改善投入力度，在健全社会保障体系、优化公共资源配置、推进土地户籍制度改革方面积累了一些好的做法，正在加快兴义市、金沙县、花溪区等11个县（市、区）统筹城乡综合配套改革试点工作。

（一）逐步夯实公共服务平台基础

将就业服务、职业技能培训、社保经办、劳动关系协调等服务职能延伸至基层平台。目前，贵州省各乡镇、街道均建立劳动保障工作机构，"金保工程业务专网"已覆盖绝大部分乡镇、街道、社区，初步构建"服务向下延伸、数据向上集中"的工作体系。

（二）深入推进社会保障体系建设

以体现公平性、适应流动性、保证可持续性为导向，深入推进新农保、城镇居民养老保险和城镇居民医疗保险工作，进一步完善不同群体社会保险关系转移接续办法，为城乡劳动者无障碍自由流动提供政策支持。探索城乡医保制度整合，将困难企业退休人员全部纳入企业职工医疗保险，开展城乡居民大病保险政策试点，正在推动省内异地就医即时结算工作。出台《贵州省工伤保险条例》，率先在全国实现工伤保险省级统筹。

（三）不断优化各类教育资源配置

针对"深山老林"的恶劣自然环境，贵州省确定了"小学到乡镇、中学到县城、相对集中办学"的思路，逐步改变办学条件简陋、师资力量薄弱、教学点分散的现状。例如，丹寨县近年采取"搬动儿子来搬动老子，促进城镇化发展"的举措，先后撤并村级小学8所、教学点15个，建成8所农村寄宿制小学，初步形成了城镇办学为主体、乡村校点为补充的教育发展新格局。启动教育"9＋3"计划，提出巩固提高九年义务教育，实施三年免费中职教育，加快中职学校基础能力建设，逐步扩大中职学生规模，培养适应产业发展需求的技能型人才。目前，正在推进清镇职教城建设，有条件的部分市州也在产业园区周边规划建设职教园区。

（四）切实加大乡镇医疗机构投入力度

针对乡镇医疗卫生条件长期滞后的局面，贵州省专门组织编制《贵州省中心乡镇卫生院建设规划（2013—2015）》，每年省级财政专项投资2亿元用于中心乡镇卫生院达标改造，其规模分类、服务内容采取"先按服务人口定床位规模，后按床位规模定建设规模"，真正满足乡镇人口的基本医疗需求。与此同时，还加大对乡镇医疗机构的技术指导，组建基本公共卫生服务技术指导中心，切实发挥疾控、妇幼保健等专业卫生机构作用。

（五）积极开展土地户籍制度改革探索

解决不同户籍人口的城乡自由流动及身份待遇，是当前打破城乡二元结构、统筹城乡发展的关键症结。目前，黔东南州已在探索逐步开放县级市市区、县人民政府驻地镇和其他建制镇的落户限制，农村人口进城务工可凭居住证享受城镇户籍待遇，鼓励进城农民将土地承包经营权、宅基地采取转包、租赁、互换、转让、股权等方式进行流转；对农村居民整户转为城市居民的，允许其在一定时期内继续保留承包地、宅基地及农房的收益权或使用权，允许其每年自愿选择城市社保或农村社保。

此外，榕江县以扶贫生态移民工程为基础，用城镇保障房安置农村生态移民，积极探索"2+5"农民进城模式，即保留农村产权（自有住房、土地）和计划生育两项农民待遇，增加就业、就医、入学、住房、社保五项市民待遇，切实解决农民进城的后顾之忧。

四 生态文明建设的有效举措

把生态文明理念和原则融入城镇化全过程，是新型城镇化道路的题中要义。通过生态文明建设，优化空间格局、调整产业结构、转变消费方式，促进城镇化健康发展。近年来，贵州省将生态文明理念贯穿于城镇化建设始终，加大城镇生态环境建设力度，在环境保护、节能减排和石漠化治理等方面出台了一系列政策措施，努力营造绿色、优美、宜居、宜业的生态环境，在生态文明城市建设试点中取得新进展。

（一）加大城镇环境治理力度

以花溪国家湿地公园、小车河湿地公园等城镇景观休闲工程建设为抓手，不断扩大城市绿地面积，逐步提高城镇绿化覆盖率。以"魅力乡村"建设为平台，加大各类村庄整治和农村危房改造力度，全省101个示范村整治取得明显成效。制定全国首部关于绿色小城镇建设和评价的地方标准，并将具体落实情况作为100个示范小城镇建设考核的重要指标。遵循

"节能、节地、节材、节水"的技术设计，严格按照绿色建筑标准打造100个城市综合体。

（二）探索高效利用土地新模式

积极开展低丘缓坡开发试点工作，紧凑规划、最大限度地提高土地使用效率，目前已平整土地2199公顷，其中2068公顷土地已提交项目单位建设使用。实施土地综合整治，与石漠化和坡耕地治理、城乡建设用地增减挂钩相结合，进一步优化城乡用地布局，土地石漠化和水土流失得到遏制。例如，毕节试验区近年来采取的"十大重点生态工程"建设取得了很好成效，综合治理石漠化361平方公里、水土流失789平方公里。

（三）开展生态文明城市建设试点

自2007年贵阳市提出建设生态文明城市以来，逐步确立了"生态环境良好、生态产业发达、文化特色鲜明、生态观念浓厚、市民和谐幸福、政府廉洁高效"的总体目标，并制定生态文明城市建设"三步走"路线图，在许多方面进行了有益探索。特别是在管理体制创新方面，例如，组建"两湖一库"（红枫湖、百花湖、阿哈水库）管理局，成立全国首家环保法庭和审判庭，整合有关职能部门、划转相关部门职责，组建生态文明建设委员会。通过理顺部门职责、强化环保力度，形成了生态环境协同治理的强大合力。此外，连续6年举办"生态文明贵阳国际会议"，搭建起传播生态文明理念和对外合作交流的重要平台。2012年底，《贵阳建设全国生态文明示范城市规划》正式获国家发改委批复，贵阳市建设全国首个生态文明城市试点工作正在积极稳步推进。

五 贵州城镇化探索的几点思考

2013年，贵州城镇化水平达到38.2%，进入了城镇化加速发展的新阶段，但与全国和西部地区平均水平相比，仍有15.5个百分点和7个左右百分点的差距。除了实际数据的差距，其内在还涉及许多深层次问题和矛盾，主要表现在：一是城镇分布与生态、扶贫需求之间的空间错位仍在持续。生态承载力较强的贵阳、遵义等中部地区城镇化带动的辐射范围逐步扩大，农民脱贫致富效果明显；生态脆弱的西部地区城镇化发展较快，但对农村发展带动不足，生态修复压力依然很大；作为贵州农业主产区和旅游经济带的东北、东南地区，城镇综合承载力较低，农民收入提高相对缓慢。二是产业结构调整对城镇化的推动效应呈叠加、分散态势。资源依附型、资本密集型产业对就业增长带动趋于常态,传统优势有所回落;而技术主导型、战略新兴产业的后发优势尚未显现,已规划建设的 111 个产业园区产业同质化现象在部分地区较为突出。三是人口转移与城市承载的矛盾仍然存在,特别是在一些大中城市压力更加突出。除"生活垃圾处理率"、"生活垃圾无害化处理率"等指标外,多项市政基础设施指标均低于全国平均水平,这主要受制于市政公用事业市场化改革的滞后。中小城镇的规模效应、集聚效应相对较弱,虽然在户籍、土地制度方面进行创新尝试,但人口转移的总体方向仍然偏向省会中心城市,贵阳、遵义等城区的人口密度明显高于其他地区。

推进新型城镇化,不是一味追求城镇化率,而是重视城镇化质量。贵州城镇化建设好的实践做法值得推广,存在的一些问题也不可回避,有些是具有潜在风险的,必须引起高度重视。

第一,要对人口集聚过程中市场与政府的定位进行有效界定。坚持非农产业发展与人口流动规模的统筹推进,对于偏远贫困地区、生态极度脆弱区域的农村人口,政府要做好整体搬迁和就业安置,加强对人口有序转移的分类指导;对于中心城市周边和次区域地区的农村人口,政府要做好公共产品和公共服务的有效供给,用市场的手段解决人口集聚和自由流动,探索政府灵活购买服务的新路子。

第二,要对主要载体背后风险流动进行科学评估。在适宜时机应开展对"五个 100 工程"在各区县的分布情况及其内在协同作用的评估,特别是对在市场竞争中已经出现严重同质化、产能过剩的产业或园区、机械追求建筑标准统一性而割裂原生态文化的城市综合体或小城镇,要做好风险预警和化解各项准备。特别是在"100 个产业园区"打造过程中,要警惕"急于求成"的主观思维,防范比邻区域项目招商出现产业雷同现象,避免政府主导产业发展的传统模式。

第三,要对不同类型的城市资源配置采取差异化手段。土地供给方面,在保证区域耕地占补平衡前提下,用地规划管控采取土地差别化供应政策,支持鼓励贵州开展低丘缓坡开发试点;环境保护方面,一些生态脆弱地区要禁止开发或限制开发,对城镇分布与生态、扶贫需求的空间错位区域要建立城市生态补偿机制;基础设施建设方面,切实发挥政策导向和财政杠杆作用,探索区域政府合作、市场政府联动方式共建共享公共基础设施资源。

上篇：生态文明的进程监测

第三章 生态文明指标体系的理论构建

如何将绿色资源转化为经济社会可持续发展的内在动力成为贵州生态文明建设的根本诉求，也是当前贵州实现"三化同步"的重要保障，这就需要从不同的维度解读生态文明，从可操作的指标层面去实际测度贵州生态文明的实现程度，为贵州经济社会又好又快、更好更快发展提供科学评价与预测。本章将在已有相关文献研究的基础上构建贵州生态文明理论指标体系，包括以下四个方面：一是对国内外生态文明指标体系的有关研究进行回顾与梳理；二是充实贵州生态文明指标体系构建的理论基础；三是设计贵州生态文明指标体系的宏观框架；四是在宏观框架基础上进行具体指标层的理论遴选。

第一节 国内外生态文明指标体系构建的回顾

伴随着"生态文明"概念的日益兴起，国内外许多学者对生态文明的认识也逐渐升华，从可持续发展、生态保护到生态文明，这一系列的视角转换体现了人类文明脚步向纵深迈进。对于生态文明指标体系构建而言，不仅要从各个单一的子系统来设计指标，还需要从总体上进行宏观把握。目前，国内外关于生态文明指标体系的研究内容丰富，由于研究定位的差异性，国外组织及学者主要是基于可持续发展的指标体系视角研究，而国内相关组织及学者则侧重于与生态文明指标体系有关的视角研究。通过对已有指标体系的研究梳理，有利于更好地把握国内外研究的基本现状和已有的文献支撑，为贵州生态文明指标体系构建提供依据。

一 可持续发展的指标体系

自 20 世纪 90 年代以来，各个国际组织、国家、地区从不同角度、国情特点出发,相继开展了区域可持续发展指标体系的研究与设计,相继提出了各种类型的指标体系与框架。较早有成果的是加拿大政府提出的"压力—状态"体系,在此基础上根据可持续发展的子系统,《21 世纪议程》将指标分为社会、经济、生态和基础设施四个方面。之后,经济合作与发展组织(OECD)和联合国环境规划署(UNEP)进一步将指标分为压力指标、状态指标和响应指标。"压力—状态—响应"(PSR)框架模型在指标建立和构造时都是基于因果关系形成的,具体表现为:人类活动对环境施加压力,使环境状态发生变化,社会对环境变化作出响应,以恢复环境质量或防止环境恶化。联合国可持续发展委员会对 PSR 框架模型加以扩充,形成了 DSR 概念模型,其中驱动力指标用来监测那些影响可持续发展的人类活动、进程和模式,状态指标用来监测可持续发展过程中各系统的状态,响应指标用来监测政策的选择。联合国开发计划署(UNDP)于 1990 年首次发布的《人类发展报告(1990)》中,第一次使用了人文发展指数(HDI)来综合测量世界各国的人文发展状况,它是衡量国家发展的常用指标,描述了使国民能享受长寿、健康和富有趣味生活的有利情况,从人民幸福满意度的角度来描述人与自然相处的良好状态。

以上是著名的国际组织设计的有关可持续发展的框架模型,包含了不同类型的子系统和评价维度,也基本勾勒出了不同子系统之间发展演变的关系,主要表现在社会子系统、生态子系统、经济子系统和制度子系统四个维度,这些维度相互依存、相互关联,形成了目前国际社会较为公认的测度指标,一些国家的可持续发展指标具体如表 3-1 所示。

这些可持续发展的指标仅是从不同子系统中进行的涉及相关指标的凝练,并没有形成真正测度的指标含义,特别是在制度子系统中许多指标都是一种概念的界定与阐释。人文发展指数也是一个合成指标,缺乏不同指标之间的融合。总体来说,可持续发展指标和评价模型总体上仍处于探索阶段,国外部分知名学者对可持续发展的模型框架也进行了分析,诸如 Bartelmus P 对"环境统计框架"加以修改,以社会经济活动和时间、影响和效果、对影响的响应以及流量、存量和背景条件为基础,形成可持续发展指标体系框架;William Reese 提出了生态足迹,它是基于生态生产性土地的量化指标,对各种自然资源进行统一描述,主要用来计算在一定的人口和经济规模条件下维持资源消费和废弃物吸收所必需的生产土地面积,特别是人均生态足迹反映了一个国家居民的资源消耗强度,但它忽视

表 3 - 1　　　　　　　　　　　　一些国家的可持续发展指标

系统层	相应指标
社会子系统	教育、就业、保健/供水/公共设施、家庭、生活质量、文化遗产、人口收入分配/贫困分布、犯罪率、社会和伦理价值标准、女性在所有领域参与自然资源可获取性、社会结构、社会公平
生态子系统	水质量和纯度、农业养殖、城市化、海岸线、海洋生态状况、鱼类养殖和捕捞、生物多样性/生物技术、森林可持续管理、空气污染、全球气候变暖、自然资源可持续利用、可持续旅游、土地的利用、限制性能力
经济子系统	经济依赖性/债务、能源、生产和消费模式、废物处理、交通、开采、经济结构和发展、贸易、生产
制度子系统	整体决策、能力建设、科学和技术、公众和信息可获取性、国际惯例和合作、政府和公民角色、法律制度和立法、预防可能的自然灾害、公众参与

资料来源:《西部地区生态文明指标体系研究》, 第 161 页。

了经济、社会、技术方面的可持续性, 也没有考虑人类对现有消费模式的满意程度; Dietz S 和 Neumayer E 基于两个基本范式, 通过建立环境经济核算体系, 从对可持续发展内涵理解的角度比较不同范式下环境可持续发展的程度。具体到可测度指标层面, 到目前为止, 有近 400 个可持续发展指标, 这些指标存在部分类似性, 也具有一定突破性, 大部分被广泛学者和国际组织在实际测度中接受, 表 3 - 2 列举了部分与可持续发展有关的实际测度指标。

表 3 - 2　　　　　　部分与可持续发展有关的实际测度指标

序号	指标	单位	序号	指标	单位
1	人均 GDP	美元	9	外债	亿美元
2	债务	% GDP	10	出口	亿美元
3	道路基础设施	千公里	11	肥沃土壤	%
4	通货膨胀率	%	12	耕地	%
5	基尼系数	指数	13	化肥使用率	%
6	GDP 增长率	% GDP	14	有机农业/耕地	%
7	投资占 GDP 比重	% GDP	15	杀虫剂使用	千克/(公顷·年)
8	工业增长率	%	16	甲烷排放	千吨

序号	指标	单位	序号	指标	单位
17	森林	平方公里	24	出生率	%/千人
18	能源使用	吨标准煤	25	政府效率	指数
19	预期寿命	年	26	政治自由指数	指数
20	贫困	处于贫困线下%	27	腐败	指数
21	人口数	百万	28	教育投资	%GDP
22	城市人口比	%	29	医疗保险投资	%GDP
23	失业率	%	30	民主指数	指数

资料来源:《西部地区生态文明指标体系研究》，第164—166页。

　　需要说明的是，表3-2中所列举的指标要与具体的研究目标相关，而且数据在实际调查与相关统计资料中必须是可获取及准确的，国外研究可持续发展的指标在国内的有关研究必须进行适当改进，充分注重国情与省情特点。与此同时，还必须关注每一个给定指标所包含的特定子系统中的方法评估问题，确保整体模型的方法的一致性。

二　生态文明有关的指标体系

　　国内学者关于生态文明的探索早于20世纪90年代末，从可持续发展、科学发展到生态文明，围绕着人与环境的关系问题开展了许多研究。国家有关部委和一些地方政府也根据生态建设的实际，提出了具体可操作的指标体系，为贵州生态文明指标体系的构建提供了理论支撑和实践借鉴。

　　国内学者对指标体系的探索是一个循序渐进的过程，也是始终与中央关于生态文明建设精神一致的。宋永昌等从生态学的观点，提出了生态城市的指标体系与评价方法；逯元堂、侯学英、毕星等人从可持续发展的概念出发，探讨了相关的可持续发展指标体系。生态文明概念提出后，覃玲玲、杨雪伟、王贯中等人从生态文明城市的视角对指标体系进行了研究；蒋小平、高珊等人从各自省份的生态文明现状出发，来探索指标体系的构建与评价；张黎丽、乔丽等人致力于地区生态文明指标体系的评价研究；还有部分学者从生态文明的内涵和理论出发，对指标体系进行建立和评价，如宋马林、关琰珠、张静等人的研究。国家社科基金《中国生态文明地区差异研究》首次披露了各省区市生态文明的发展现状，以期促进各省区市经济社会的可持续发展，落实科学发展观、构建和谐社会，该研究的创新点在于采用生态效率（Ecological Efficiency Index，缩写为EEI）来定义经济发展的生态文明水平，它是由普遍公认的GDP和生态足迹两个指标直接合成的，表示地区产生单位生态足迹所对应的地区生产总值，具有一定的普适性。

在生态文明指标体系的实践探索中，具有代表性的有《绿色国民经济核算报告》、"生态文明建设（城镇）指标体系"、《贵阳市建设生态文明城市指标体系及监测方法》、《生态文明建设和发展规划》。具体来看，已有的实践探索呈现出以下几个方面的特点：

一是更加注重转变经济发展方式，强调了绿色GDP的约束性考核。2006年9月，国家环保总局和国家统计局公布了中国首个绿色GDP核算报告，这是中国第一份经济环境污染调整的GDP核算报告，它是从传统GDP中扣除自然资源耗减成本和环境退化成本的核算体系，这一指标测度的调整彰显了经济发展不能以牺牲环境为代价的生态理念。之后，国家环保总局又先后颁布修订了生态县、生态市和生态省建设指标体系，特别突出了节能减排，提出了对生态环境保护工作的要求，进一步弱化经济指标、突出生态环境指标。

二是更加注重资源循环利用方式，强调了科学发展的考核。2008年7月，中央编译局和厦门市委课题组共同编制发布的国内首个"生态文明建设（城镇）指标体系"，主要以单位GDP能耗、清洁能源使用率、工业用水重复利用率、区域环境噪声平均值、绿色运营车辆占有率等具体指标测度强化生态治理、维护生态安全的能力，更多地体现了不同地区地方政府在生态文明建设中的努力程度，但是部分指标口径缺乏统一，没有系统综合考虑其他子系统要素。

三是更加注重生态区域特殊性，凸显了系统性与差异性结合。2008年8月浙江省洞头县编制了《生态文明建设和发展规划》，它是全国首例将生态文明建设纳入规划文件的，也是针对海岛县的第一套生态文明指标体系，强调了以生态环境建设为基础、以经济建设为重点、以生态文化建设为特色的总体框架体系，着力突破洞头土地资源匮乏、淡水资源短缺、能源供应紧张等发展瓶颈，这也是生态区域特殊性的表现。2008年10月，贵州省贵阳市发布了《贵阳市建设生态文明城市指标体系及监测方法》，涵盖了生态经济、生态环境、民生改善、基础设施、生态文化、廉洁高效 6 个方面共 33 项指标，使生态文明建设看得见、摸得着，具前瞻性、可操作性，对全省乃至全国其他地方具有很强的示范借鉴作用。

三　已有研究的述评

已有国内外相关学者的研究取得了较好的成果，许多国际组织、机构以及国内外学者在指标筛选方面取得了长足的进展，上至国家环境保护层面，下至生态市县，不同的行政区域都有所涉及。特别是与可持续发展和生态文明相关的指标体系及定量分析的计算方法、模型在一些国家和地区中得以广泛应用，对于推动经济社会可持续发展，促进区域生态文明提供了有力的数据佐证。

由于对生态文明的认识与探索存在表述性差异，国外研究通常从可持续发展的角度来研究和进行指标设计，国外与生态相关的指标体系研究大都基于教育学及行业视角，如 Galea S、Kalliala E 等人的研究，社会学及区域经济导向的相关研究尚未出现，专门聚焦在生态文明指标体系上的研究还是一片空白，这或许与专业视角和政策关注有关，重点突出的是生态城市规划和全球气候问题。国内相关研究虽然已有十几年，但有关生态文明指标体系的研究成果数量还较少，截至 2013 年底，通过 CNKI 等数据库检索主题和关键词，找到与生态文明指标体系相关度较高的文献 50 余篇，国内对于该领域的研究尚处于初级阶段，而文献的数量随时间呈上升趋势的现象也表明，该领域的研究正逐渐为学界所关注，但是其研究方法过于简单、指标设计过于粗糙，指标的适配性及推广性有待商榷。许多生态文明指标体系的设计是在单一理论基础上进行的，缺乏系统性思考，也缺乏区域性特征的分析，更没有经过严格的问卷调查和实证筛选。

认识的视角不同、所学专业背景不同、区域环境的差异性，这些决定了目前有关生态文明指标体系的研究都没有形成统一共识，并且存在着许多局限性，不同的指标体系都存在着较明显的特点和缺陷。对于贵州生态文明来说，经历了不同时期的发展也呈现出自身的演进规律，尤其是民族特色与生态现实交织、经济转型与社会建设交织，这是新时期贵州生态文明建设的现实环境，与其他区域的生态文明指标选取存在必然差异，也与贵阳市生态文明建设指标体系有所区别。因此，迫切需要建立针对贵州省的生态文明指标体系，从而能够综合、完整地体现贵州省生态文明建设的经济、社会、环境、民族等诸方面，能够在一定程度上比较贵州省各地近年来生态文明的发展绩效和进行未来趋势预测。

第二节 贵州生态文明指标体系构建的理论基础

贵州生态文明指标体系的构建必须坚持立足贵州省情，以丰富的理论基础作铺垫，运用科学的思维方法研究系统层与状态层的构建，通过寻求相关的理论去支撑整个生态文明指标体系。由于贵州生态文明建设涉及层面众多，既要考虑经济发展方式的转变，又要注重生态环境的承载力，还要注重民族地域的特殊性，这些不同层面的内涵要素必须综合兼顾、协同发展，才能真正实现经济社会协调发展、人与自然和谐发展，这也是生态文明建设的题中要义。贵州生态文明指标体系构建主要涉及可持续发展、生态资源价值、生态安全、生态承载力和协同发展五个基础理论。

一 可持续发展理论

《我们共同的未来》中对可持续发展的定义是："可持续发展是既满足当代人的需要，又不对后代人满足其需要的能力构成危害的发展。"这是被作为学术经典的定义，主要包含了经济可持续和生态可持续两个方面。可持续发展的最终目标就是实现需求的满足与环境的改善，即不断满足当代和后代的生产与生活对物质、能量和信息的需求，这是从物质和能量等硬件的角度予以不断提供，也从信息、文化等软件的角度予以不断满足；不断创造"自然—社会—经济"支持系统的外部适宜条件，使得人类生活在一种更合适、更严格、更愉悦的环境之中，这是从系统组织与结构的角度进行的不断优化。

生态文明建设就是将生态可持续发展提到议事日程，它是可持续发展的重要内涵，必须做到生态压力不超过生态承载力。具体来说，资源的再生速度大于资源耗竭速度；环境容量大于污染物排放量；生态抵御能力大于生态破坏能力；环境综合整治能力大于环境污染恶化趋势。生态文明建设就是要树立经济、社会与生态环境协调发展理念，它以尊重和维护生态环境价值和秩序为主旨，以可持续发展为依据，以人类的可持续发展为着眼点，充分强调在开发利用自然的过程中人类必须树立人和自然的平等观,从维护社会、经济、自然系统的整体利益出发,在发展经济的同时,重视资源和生态环境支撑能力的有限性,从而实现人类与自然的协调发展。因此,贵州生态文明指标体系的构建必须把握好可持续发展的内涵特征,从生态经济的视角考虑经济发展的可持续性,从生态安全的视角考虑生态发展的可持续性,从生态文化的视角考虑文明转型的可持续性,从生态法规的视角考虑法律文本的持续性与稳健性。可持续发展理论是整个生态文明指标体系构建的基础,也是整个宏观框架设计的指引。

二 生态资源价值理论

生态资源是一种生产要素,其价值载体均可称为自然资本,这种自然资本是构成社会财富必不可少的一部分。根据环境经济学理论,生态环境资源是有价值的,它是人类赖以生存发展的经济资源,同样也是在市场经济条件下具有交换价值的资产。生态环境是由各种自然要素构成的自然系统,具有资源与环境的双重属性,特别是在经济社会发展中出现生态资源空心化、生态资源不断削弱、生态环境不断恶化的情况下,生态资源才逐渐被赋予了价值属性。这是生态资源价值理论创立的前提。生态资源作为一种自然资产的经济学意义在于其拥有者应当获得与生态资源价值相对应的经济收益和生态补偿。因此,生态资源价值理论的核心就在于确定资源的权属关系,明确生态资源使用的产权,从而更好地对占有和利用生态资源的权利进行合理的初始分配,或者对生态资源破坏带来的损失进行合理的补偿。

生态文明建设更应该注重生态资源的价值属性,要逐步树立新的生态资源价值观,建立以生态资源价值观为基础的国民经济核算体系,其主要是通过新的会计核算来实现的,这是在已有绿色 GDP 指标上的又一次突破。因此,贵州生态文明指标体系的构建必须融入生态资源价值的理念,特别是在生态安全系统层中注重环境代价的评估,在具体的评估指标设计中要综合考虑资源价值、生态成本、环境损失和生态补偿等方面的因素,努力将生态补偿与绿色消费、经济增长等领域的指标进行很好的对接,真正实现资源价值的转换。生态资源价值理论是生态文明指标体系构建中生态经济和生态安全系统层的理论支撑,这种理论关怀主要是从生态经济和生态资源禀赋的角度考虑的,也比较符合贵州生态资源的实际。

三　生态安全理论

生态安全是 1989 年由国际应用系统分析研究所在提出建立全球安全生态监测系统时首次使用的，指的是在人们的生活、健康、安乐、基本权利、生活保障来源、必要资源、社会秩序和人类适应环境变化的能力等方面不受威胁的某种状态，包括自然生态安全、经济生态安全和社会生态安全组成的一个复合人工生态系统。一般来说，一个安全的生态系统在一定的时间尺度内能够维持它的组织结构，也能够维持对胁迫的恢复能力，即它不仅能够满足人类发展对资源环境的需求，而且在生态意义上也是健康的，其本质是要求自然资源在人口、经济和环境三个约束条件下实现稳定、协调、有序和永续利用。

作为一种新的安全观，近年来被世界各国所接受，并逐渐成为公认的经济伦理规范，这也是人类社会对日益加剧的人口、经济、资源、环境矛盾进行认真反思后作出的理性反应和抉择。生态安全反映了把自然界当成为人类无偿和无限提供资源及服务的传统观念的转变，是一种新型的人与自然的共生共荣关系，是可持续发展的前提。随着生态安全的战略地位日益显著，西方一些国家将生态安全问题纳入了政治视野，先后出现了绿色政治理论、环境安全理论和生态马克思主义等生态政治理论，这是对生态安全区域性考虑的理论衍生。对于贵州生态文明指标体系构建来说，生态安全更加强调了对构筑长江珠江上游"生态屏障"的重视，初步体现在保护生态的多样性、提升生态系统功能，加快贵州石漠化治理和自然保护区建设，重点从生态安全系统层面生态修复的状态域进行了理论铺垫。生态安全理论既是生态文明指标体系构建中生态安全系统层的理论支撑，也是《国务院关于进一步促进贵州经济社会又好又快发展的若干意见》中构筑长江珠江上游"生态屏障"定位的实践依据。

四　生态承载力理论

"承载力"概念源于生态学，是指某一自然环境所能容纳的生物数目的最高限度，随着世界范围内人口、资源与环境问题的日益严重，"承载力"概念的内涵进一步拓展。生态承载力主要是指在一定时期与范围内，以及一定自然环境条件下，维持生态系统结构不发生质的改变、环境功能不遭受破坏的前提下，生态系统所能承受人类活动的阈值。目前，生态承载力已经确定为特定地理区域与生活中的有机体数量间的函数,它通过自我维持、自我调节、自我修复,所能支撑的最大社会经济活动强度和具有一定生活水平的人口数量。生态承载力是环境系统功能的外在表现,即环境系统具有依靠能流、物流和负熵流来维持自身的稳态,有限地抵抗人类系统的干扰并重新调整自身组织形式的能力,是描述生态环境状态的重要参量之一。从某种程度上讲,生态承载力突出了人类活动释放能量与环境系统吸收能量的临界阈值,是一种恒态模式的表述。

生态承载力理论的核心观点在于突出承载的客观性和可变性。一定的生态系统具有自我修复能力,其承载容量由生态系统的内在结构和资源禀赋决定,但由于受到经济社会发展的外在压力,存在着动态变化趋势,而承载力表现的是一种内外环境承受能力的临界值,这就要求按照对生态系统自身运转方式有利的生产方式去提高承载负荷。在具体的研究设计中,通常将"生态承载力"作为一种工具应用于发展决策时,要更为深入地探讨造成"过载"或"盈余"背后的原因,从而有针对性地提出不同的解决方案。因此,贵州生态文明指标体系的构建也必须充分吸收生态承载力的元素,要凸显生态承载的容量,即强调生态资源的消耗与经济财富创造的协调,这与生态资源价值理论具有相似之处,然其不同点在于注重一种外在制度法规和生态文化的并举,从生态文化和生态法规层面去进行承载力"过载"的调整。生态承载力理论是生态文明指标体系构建中生态安全、生态文化和生态法规系统层的理论支撑,这种理论关怀主要强调生态系统内外的有机结合与兼收并蓄,从而有效控制承载的临界点,达到经济、资源、环境的效益最大化。

五   协同发展理论

"协同"是从物理学迁移到管理学的概念,主要研究远离平衡态的开放系统在与外界有物质或能量交换的情况下,如何通过自己内部协同作用,自发地出现时间、空间和功能上的有序结构。协同发展理论认为事物的演化受序参量的控制,演化的最终结构和有序程度决定于序参量,其关键在于协调各个子系统的有序发展,它是系统间发展的核心变量。任何复杂系统,当在外来能量的作用下或物质的聚集态达到某种临界值时,子系统之间就会产生协同作用。对于生态系统而言,也同样存在着经济、社会、环境发展的协同。20世纪80年代,人们认识到工业革命带来的各种环境问题以后，开始试图寻求一种能保护生态环境的新型农业。无论是片面追求经济发展还是追求回归自然，这些实践证明了都是不可取的，必须寻求一条经济发展与生态效益兼顾的新发展思路，既不能以牺牲生态环境作为代价来追求经济发展，也不能不顾经济发展而片面追求生态效益，协同发展理论正是在这种思想上被引入生态视野的。

协同发展理论的中心是社会、经济、环境三大系统协同发展，这也是可持续发展的核心。协同发展首先在于发展，强调发展的优先地位，发展必须以环境保护为重要内容，以实现资源、环境的承载力与社会经济发展相协调。它正确地反映了人在自然界的位置及人与自然的关系，是科学发展观的体现，既能维持生态系统的动态平衡，又能维持社会经济系统的动态平衡，强调生态持续、经济持续和社会持续的统一，其中生态是基础，经济持续是条件，社会持续是目的，实现三者的协同发展。对于贵州生态文明指标体系构建而言，协同发展就是要实现生态经济、生态安全和生态文化三个系统层面的协同，以生态法规来协同三个系统层面之间的有机关联。贵州生态经济既要调整内部产业结构之间的比例，也要平衡与生态安全、生态文化的关系，但是强调发展是实现三大系统内在要素有序流动的保证。协同发展理论是整个生态文明指标体系内部一致性发展的支柱，这里要着重突出产业功能的集聚、生态功能的完善和制度法规的跟进，最终达到由系统层向状态层、指标层的协同发展。

第三节　贵州生态文明指标体系的宏观框架

生态文明指标体系构建是一项事关贵州发展全局的系统工程，既是可持续发展理论、生态资源价值理论、生态安全理论、生态承载力理论和协同发展理论的指引，也是贵州实现又好又快、更好更快，实现后发赶超的现实诉求。因此，生态文明指标体系设计必须从系统层面进行顶层设计，从而真正将发展理念始终贯穿于实践行动中，主要应该从生态文明指标体系构建的基本理念、系统层的宏观定位以及其内在关联性三个层面予以关注宏观框架的布局。

一　贵州生态文明指标体系的构建理念

通过对已有文献回顾和部分区域的生态文明指标体系构建的实践探

索，我们认为，贵州生态文明指标体系的构建必须符合其自身的战略定位
与地理区位，任何一个脱离区域实际的指标体系都不能体现出对具体实践
工作的指导，同时还必须与省委、省政府的战略决策保持高度一致，使得
贵州生态文明指标体系能够"落地生根"。贵州在经济发展和社会建设中
存在着发展短板，产业结构单一、城乡差距较大、社会事业发展落后、生
态破坏严重等状况仍然存在，连片的贫困区域与原生态文化传承面临着两
难选择。正如前所述，民族特色与生态现实交织、经济转型与社会建设交
织，这是新时期摆在贵州生态文明建设面前的现实环境。因此，构建生态
文明指标体系的宏观框架不能脱离这个现实环境，必须综合考虑经济、社
会、生态、文化等多方面。

　　贵州生态文明指标体系的宏观框架应该涵盖经济、社会、生态、文
化等维度，是一种协同发展的指标体系，强调内在系统的发展平衡，协
同发展的最终目标也要与贵州发展的战略定位吻合。《国务院关于进一
步促进贵州经济社会又好又快发展的若干意见》中特别指出，要将贵州
建设成为扶贫开发攻坚示范区、文化旅游发展创新区、两江上游重要生
态安全屏障、民族团结进步繁荣发展示范区，不同的战略定位决定了贵
州经济社会发展的协同性，也凸显了生态文明的价值理念。因此，生态
文明指标体系的宏观顶层设计要以生态文明建设为主要抓手，其核心在
于将民族特色、生态安全融入经济发展中，最终实现以经济发展为基
础、生态安全为后盾、民族特色为依托、法规制度为保障的多元生态文
明指标体系。这套涉及贵州的生态文明指标体系的考核指标应该充分体
现发展预期，包括产业结构的调整、单位地区生产总值能耗、环境总体
质量、石漠化治理、贫困地区脱贫程度等一些与生态文明建设密切相关
的具体指标。

二　贵州生态文明指标体系的系统层定位

　　系统层定位是整个贵州生态文明指标体系构建的核心，也是对具体指
标进行分解归类的标准。系统层面的划分是在整个宏观理念指引下，围绕
着"加速发展、加快转型、推动跨越"的主基调进行的，充分考虑了经
济、社会、生态、文化等不同层面的政策供给与现实需求，也综合把握了
民族特色、生态安全的贵州特色要素。本书认为，贵州生态文明指标体系
的系统层应该包括四个方面：生态经济、生态安全、生态文化、生态

法规。

　　生态经济是生态文明建设的物质基础，也是贵州经济社会发展的内在动力。没有生产的发展、技术的进步和财富的积累，贵州生态文明建设就失去了物质基础，而且也只有拥有强大的物质、科技支撑，才能使生态文明建设得以真正意义的实现。经济发展又不能偏离生态文明的轨道，以GDP为单一指标，它应该是一种具有绿色生态内涵的生态经济。传统的经济增长方式与生态文明理念的背离促使经济发展面临着更高目标的诉求，以产业结构调整、绿色消费模式和经济理性增长为具体抓手的生态经济成为新时期贵州生态文明建设的重要落脚点。具体而言，生态文明理念要求经济系统的运行在物质生产、流通、消费等具体环节中，通过技术进步来实现可持续的产业结构、发展方式和消费模式。生态文明理念也要求不断提高生态环境质量，扩大生态环境容量，促使生态环境承载更多的经济发展需要、更大的经济发展目标和更好的经济发展机会，从而有效地形成一种凝聚力和吸引力，促进资金、人才等要素的流入，加速社会财富的生产，推动生态经济全面发展。

　　生态安全是生态文明建设的环境屏障，也是贵州生态文明建设的核心层面。生态环境是为了满足人类的生态需求，特别是当下生态环境的恶化使得这种需求愈加紧迫，而生态需求则体现为人们对生活质量的更高要求，这是伴随着人类社会文明的不断进步而产生的，其具体包括洁净的空气、水和无污染的食物，无污染、无噪声的生活空间，优良的人工或自然植被，数量充足和质量精良的环境资源与生态景观等。贵州特有的石漠化和生态屏障面临着突出问题，加大对石漠化综合治理、不断完善的生态补偿机制已经成为事关国家生态安全的重要举措，这也是生态安全系统层中指标设计必须涵盖的内容。生态安全作为一项战略性的工程，主要可以从生态修复和生态补偿两个具体状态来考量，这也为构建重点生态安全功能区奠定了基础，这是生态文明理念的最直接体现。

　　生态文化是生态文明建设的精神支撑，也是振兴贵州民族特色的重要构成。生态文化是一个区域关于保护生态环境、弘扬民族传统、重视人文素养的综合认识，是认识生态文明和践行生态文明的前提。生态文化系统层体现了对文化旅游发展创新区和民族团结进步繁荣发展示范区的战略认识。贵州生态文化彰显浓郁的民族文化特色，这种民族文化中包含着对非物质文化遗产的保护、人民群众精神面貌的表征和对传统人与自然和谐相处的环境保护的认同。生态文化作为潜在的表征,虽然在一定时期内不具有推动生态文明建设的巨大作用,但对于整个贵州文化的凝聚和贵州精神的彰显是意义重大的,这种"不怕困难、艰苦奋斗、攻坚克难、永不退缩"的贵州精神在生态文明建设中也存在着适用空间,主要可以从民族特色、人文素养和历史文化三个具体状态来考量,突出了历史与现实结合、民族与地方结合的特点。

生态法规是生态文明建设的制度保障,也是完善生态保护制度化的法治探索。生态文明建设视野下的生态法规把可持续发展作为一种价值追求,它要求法律规范人与自然的关系,在处理利益分配时把人作为生态环境中的一员,在生态自然与人类社会发展的矛盾之间找到一条和谐发展的道路,并在法律规范体系与价值理念中体现人类对生态环境的终极关怀。同时,生态法规本身所蕴含的公平、公正、正义、秩序等价值理念正好与生态文明建设相契合。随着整个制度框架体系的逐步完善、健全,生态法规的时效性与约束力将在较长时间内释放更大的制度红利。它包括:健全符合生态文明理念的法律制度、规范审理涉及生态环境的司法机制、完善生态法律保护的监督机制、强化有关环境的执法工作以及积极开展生态法律的普及工作、增强民众的环境道德意识等。由于在具体的行政法规和各项法律条文中对生态文明的涉及比较分散,没有形成一部系统的法律规范,对于生态法规系统层面的划分必须有主次之分,主要可以从经济法规调适、环境法规调适和社会法规调适三个具体状态来考量。

总体来说,这四个层面是对贵州生态文明建设的总体诠释,既考虑了生态文明建设中必不可少的经济增长动力,但是,这种经济增长是以低碳发展、绿色发展为基础的,是对传统经济发展方式的转型升级,也充分融入了民族特色与生态安全的贵州特色,这两个层面也与建设文化旅游发展创新区、两江上游重要生态安全屏障、民族团结进步繁荣发展示范区的战略定位保持基本一致,是对总体战略定位的具体指标分解,主要体现在生态安全和生态文化两个系统层面。

三　贵州生态文明指标系统层的内在关联性

就贵州生态文明建设的内涵而言,从系统层面看主要包括四个方面:生态经济、生态安全、生态文化和生态法规。生态文明建设始终以"生

态"为核心，将生态经济作为推动贵州生态文明建设的第一动力，也是
"加速发展、加快转型、推动跨越"的首要使命，在此基础上初步形成以
生态安全为区域保护屏障、以生态文化为区域内在特色，以生态法规为制
度约束的综合框架体系，四个系统层之间既相互独立又相互作用，如图
3－1所示。

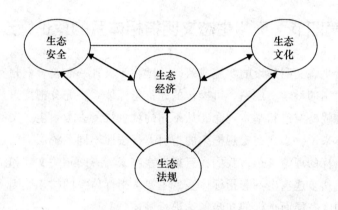

图 3－1　贵州生态文明指标体系系统层内在关联性

可以看出，系统层从经济发展、生态安全、区域文化和法规调整四
个方面进行了指标宏观层面设计，不同的系统层内部又有相应的状态层
进行支撑，在此基础上对应相应的具体理论指标，这些指标将在第四节
中予以具体说明。本书认为，贵州生态文明指标体系的宏观框架遵循了
生态协同发展的理念，初步形成了以生态经济为核心，生态安全与生态
文化为两翼，生态法规为支撑的框架体系，其主要特点表现在以下几个
方面：

第一，生态经济是贵州经济社会转型的根本，也是生态文明建设的物
质基础。经济发展不能以牺牲自然环境为代价，而要以改善自然环境为基
础，实现一种互促共生的良性发展，而生态经济发展离不开生态法规的刚
性约束，从解决各种市场主体关系的角度去实现生态治理的责任。第二，
生态安全与生态文化作为生态经济的两翼，是要实现一种内在人文与外在
安全屏障的共同保护，经济的发展要为内在生态文化活力的迸发和外在生
态安全屏障的构建创造条件，从而有力构筑一张生态安全网，是在战略意
图上实现"四个示范区"的重要体现。第三，生态法规作为整个生态文

明建设的制度支撑,是各种法规相互作用的结果。既包括生态环境保护的专业性法规条文,也包括涉及经济社会转型的普适性法规条文,是经济、环境和社会发展方面法规的融合,分别或共同支撑着生态经济、生态安全和生态文化三个系统层,然而,由于相关法规指标数据的有限性,在具体指标设计中可能存在缺失与不完善。

第四节　贵州生态文明指标体系的理论筛选

评价生态文明建设的实施成效,关键在于设计一套符合贵州实际,遵循一定原则的科学、成熟、可操作的评价指标体系,充分把握贵州生态文明建设的战略定位和基本理念,从不同的测量维度去考察生态文明建设实效。具体来说,必须在宏观框架的指引下,按照不同系统层面的定位,切实落实指标的理论遴选,我们在召集专家座谈、查阅相关文献和统计年鉴的基础上初步遴选出一套指标体系,主要从指标体系的构建原则、结构分析和不同状态层面指标的初步遴选进行阐述。

一　贵州生态文明指标体系的构建原则

生态文明建设评价指标是度量贵州生态文明建设与区域治理好坏的重要测度工具,要确保这种测度工具有效而可信,测评结果全面、客观、准确,在进行指标构建遴选时需反映以下四项基本原则。

系统性原则。贵州生态文明指标体系是由生态经济、生态安全、生态文化和生态法规等方面的系统层综合集成的,各个系统层下又根据研究需要划分为几个状态层,不同层级之间必须采取一些相应指标才能反映出来,这就要求所建立的评价指标体系具有足够的涵盖面,能充分反映贵州生态文明建设的系统性特征,即总体的战略定位和宏观框架所蕴含的理念;同时评价体系并不是评价指标的简单堆积,为了清晰而便于评价,本书根据某些原则合理地将评价指标分成系统层、状态层和指标层三个层次。

可操作性原则。评价指标体系构建的主要目的是能够在贵州生态文明建设评价中得到具体应用,将宏观的理论依据转化为客观的统计数据,这就要求所建立的指标体系具有可行性和可操作性,指标的数据容易采集,计算公式科学合理,评价过程简单,有利于掌握和操作。总体来看,指标的可操作性主要包括三个方面的内容：一是数据资料的可获得性，数据资料尽可能通过查阅贵州统计年鉴、各种专业年鉴以及贵州各地、州、市的政府工作报告获得，或者是在现有资料上通过简单加工整理获得，或者通过对研究对象进行问卷调查和现场访谈获得；二是数据资料可量化，定量指标数据要保证其真实性、可靠性和有效性，而定性指标和经验指标应尽量少用，或者选取那些能通过专家间接赋值或测算予以转化定量数据的定性指标（如等级），然而等级指标延续性问题在具体涉及中应该有所说明；三是指标体系的设置应尽量避免形成庞大的指标群或层次复杂的指标树，指标尽可能少而精，设法降低指标之间的重合度。

有效性原则。贵州生态文明指标体系必须与所评价对象的内涵与结构相符合，能够真正反映贵州生态文明的实际，体现贵州生态文明建设的本质或主要特征。在心理测量学上，人们通常用效度来表示评价体系的有效性好坏。所谓效度就是指用该评价指标体系究竟在多大程度上能够真正测量到想要测量的特质，即测量的有效程度；从统计学上讲，效度是指测量结果与某种外部标准（即效标）之间的相关程度，相关程度越高，则表明测量结果越有效。根据研究目的不同，效度评定通常有多种方法，常用的方法有内容效度、预测效度、构思效度、聚合效度、辨别效度和效标关联效度等。因此，对于有效性原则来说，贵州生态文明指标体系的具体指标必须具有宏观概括和预测功能，强调评价标准的一致性，这主要体现在系统层的划分上。

导向性原则。贵州生态文明建设评价的目的就是，通过评价获得有效的有关生态文明建设进程信息，了解和把握贵州生态文明建设的基本现状，发现问题、找出差距，使贵州各级地方政府在新时期的生态文明建设中更具有针对性、导向性，更好地促进经济社会全面发展。因此，评价指标的选择必须有利于实现生态文明建设评价的目的，有利于把握贵州各地、州、市在生态文明建设中所处的水平，有利于总体把握贵州生态文明对于推动贵州"加速发展、加快转型、推动跨越"的实际绩效，从而更好地对贵州生态文明进程进行全面预测与监控。

二　贵州生态文明指标体系的结构分析

贵州生态文明指标体系的宏观设计充分体现了贵州特色，强调注重民族特色与生态资源的协调、经济与社会协调发展，以"四个示范区"的战略定位作为其发展的总体目标，涉及经济发展质量、生态安全维护、贵州文化传承和法规制度调适四个维度。总体来看，这四个维度基本涵盖了贵州生态文明建设的各个方面，突破了以往按照政治、经济、社会、文化划分的固有思维，从协同发展观的角度进行了解读，重点突出了经济发展与生态安全的协同、经济发展与生态文化的协同以及内在一致的协同发展，它系统地阐述了贵州发展的内生动力与外在体制机制的相互作用，形成了一个比较完整、科学的贵州生态文明建设分析框架，不同系统层、状态层的具体指标设计也充分反映了鲜明的时代特征，具体指标的筛选考量可以从系统层的四个方面具体说明。

第一，生态经济系统层。生态经济是经济发展的高级形式，是一种发展理念的转型，包括产业结构的调整、消费模式的转变以及经济增长点的转移。这三种状态分别从产业结构布局、绿色GDP、居民消费水平等方面考核生态文明建设在经济领域的作用。涉及生态经济的具体指标是最多的，也是在统计年鉴及其他已有文献研究中最为关注的，包括三大产业结构比、GDP、第三产业GDP增长贡献率、产业从业人员率、产业总产值增长率，这主要是产业结构状态层的有关指标，而对于绿色消费和经济增长的具体指标，主要包括能源消费弹性系数、万元GDP能耗量、绿色消费率、居民价格消费指数、人均GDP、就业率等。由于生态经济是支撑整个生态文明建设的内生动力，必须考虑存量与增量的结合，还要充分重视人口数量因素，在理论指标筛选中主要考虑设计如下指标，具体如表3-3所示。

表3-3　　　　　　　　　生态经济系统层的理论指标

系统层	状态层	指标层
生态经济	产业结构	GDP、第三产业GDP增长贡献率、产业总产值增长率
	绿色消费	能源消费弹性系数、万元GDP能耗量、居民价格消费指数
	经济增长	人均GDP、就业率

第二，生态安全系统层。生态安全是将生态环境保护上升为一个战略层面，既有一种区域大生态的概念，即强调石漠化治理、森林植被的覆盖、公共绿地的覆盖，也包含了对城市小生态系统的关注，即注重城市"三废"的处理、环境污染的整治等。从状态层看，主要包括生态修

复和生态补偿两个方面，突出了后期治理与前期补偿相结合的特点。生态修复主要涉及城市污染的处理和环境优化的治理，涉及的指标主要包括城市污水处理率、新增废气治理能力、工业固体废物综合利用率、二氧化硫排放总量、工业废水排放达标量等。生态补偿主要涉及区域环境保护，对于贵州而言，就是要从建立珠江上游生态屏障的高度去关注生态补偿机制，特别是对石漠化治理、退耕还林重大工程实施进展的关注，涉及的指标主要包括森林覆盖率、天然林保护工程面积、退耕还林工程面积、环保资金投入占 GDP 比重、人均公共绿地面积等。由于生态安全是涉及整个生态文明建设的关键系统，也是最直接与生态文明相关的系统层，因此必须考虑个体与总体的结合、城市与区域的结合，还要充分重视生态要素的多样性特征，在理论指标筛选中主要考虑设计如下指标，具体如表 3 - 4 所示。

表 3 - 4　　　　　　　　　　生态安全系统层的理论指标

系统层	状态层	指标层
生态安全	生态修复	城市污水处理率、新增废气治理能力、工业固体废物综合利用率、二氧化硫排放总量、工业废水排放达标量
	生态补偿	森林覆盖率、天然林保护工程面积、退耕还林工程面积、环保资金投入占 GDP 比重、人均公共绿地面积

　　第三，生态文化系统层。生态文化是生态文明的潜在特征，是人类文明发展历程演变的见证。生态文化是内涵丰富的概念，包括了特有民族文化、深厚的历史文化以及当地人文素养，人文精神则是民族文化与历史文化交织在不同个体中的体现。从状态层看，主要包括民族特色、人文素养和历史文化三个方面，民族文化与历史文化统一于人文精神中，即人民群众受教育程度及文化认知度，这是目前测度生态文化最直接、明显的方式。具体而言，涉及民族特色的指标主要包括少数民族人口总数、民族自治地方人均 GDP、非物质文化遗产申报数量等；涉及人文素养的指标主要包括高等教育毛入学率、农村居民家庭文教娱乐支出比重、城镇居民家庭文教娱乐支出比重、城市品牌的认知度等；涉及历史文化的指标主要包括国家级自然保护区个数、自然保护区个数、来黔境外旅游人数等。由于生态文化是整个生态文明建设的内涵需求，但是这种文化特性由于具有不

可塑性,且在具体表征上缺乏特有实体,容易导致指标的选取缺乏特定依据,必须考虑与实体数据相结合,从某一侧面来反映生态文化,诸如从教育素质、旅游产业等最为直接的层面表征,在理论指标筛选中主要考虑设计如下指标,具体如表3-5所示。

表3-5　　　　　　　　　　　生态文化系统层的理论指标

系统层	状态层	指标层
生态文化	民族特色	少数民族人口总数、民族自治地方人均 GDP、非物质文化遗产申报数量
	人文素养	高等教育毛入学率、农村居民家庭文教娱乐支出比重、城镇居民家庭文教娱乐支出比重、城市品牌的认知度
	历史文化	国家级自然保护区个数、来黔境外旅游人数

第四,生态法规系统层。生态法规是生态文明建设体系中最具有约束力的层面,直接关系着生态经济、生态安全和生态文化发展的好坏,主要是通过一系列法律规章、政策条文来规范生态文明建设中的相对人行为。生态法规完善与否是法治化进程的体现,凸显了法治文明程度,这也是生态文明建设的题中要义。从状态层看,主要包括经济法规调适、环境法规调适和社会法规调适三个方面,具体而言,涉及经济法规调适的指标主要包括经济案件诉讼代理数量、经济合同公证数量、破坏社会主义市场经济秩序罪数量等;涉及环境法规调适的指标主要是生产安全事故死亡人数;涉及社会法规调适的指标主要包括行政诉讼代理数量、妨碍社会管理秩序罪数量等。由于生态法规是不同法律规章、政策条文的综合概括,具体指标中不能单纯依靠不同类别的法规数量来衡量,更多地侧重于法规作用于相对结果的数量考量,这也是在统计年鉴中容易获取的,但是不可避免的是,这些具体指标与整个生态文明建设的相关程度必然存在差异,且作用效果也有异同,由于客观指标设计的缺陷以及遴选的特殊条件限制,在一定程度上影响了本系统层的指标科学性与准确度。在理论指标筛选中充分征求专家学者意见,主要考虑设计如下指标,具体如表3-6所示。

表 3-6   生态法规系统层的理论指标

系统层	状态层	指标层
生态法规	经济法规调适	经济案件诉讼代理数量、经济合同公证数量、破坏社会主义市场经济秩序罪数量
	环境法规调适	生产安全事故死亡人数
	社会法规调适	行政诉讼代理数量、妨碍社会管理秩序罪数量

三 贵州生态文明的理论评价指标体系

本书充分借鉴了国内外有关生态文明建设的评价指标和国内部分地区实际操作经验，通过对以上各个系统层的定位与状态层的指标筛选，围绕贵州生态文明建设的"四个示范区"战略定位，构建了贵州生态文明的理论评价指标体系，包括系统层、状态层和指标层三个层级，指标依次逐步细化，由4个系统层、11个状态层和33个评价指标构成（如表3-7所示）。

表 3-7   生态法规系统层的理论指标

系统层	状态层	指标层	单位标识
生态经济	产业结构	GDP	亿元
		第三产业 GDP 增长贡献率	%
		产业总产值增长率	%
		能源消费弹性系数	—
	绿色消费	万元 GDP 能耗量	吨标准煤/万元
		居民价格消费指数	以 100 为基准线
	经济增长	人均 GDP	元
		就业率	%
生态安全	生态修复	城市污水处理率	%
		新增废气治理能力	万标立方米/小时
		工业固体废物综合利用率	%
		二氧化硫排放总量	万吨
		工业废水排放达标量	万吨
	生态补偿	森林覆盖率	%
		天然林保护工程面积	万公顷
		退耕还林工程面积	万公顷
		环保资金投入占 GDP 比重	%
		人均公共绿地面积	平方米

系统层	状态层	指标层	单位标识
生态文化	民族特色	少数民族人口总数	万人
		民族自治地方人均 GDP	元
		非物质文化遗产申报数量	个
	人文素养	高等教育毛入学率	%
		农村居民家庭文教娱乐支出比重	%
		城镇居民家庭文教娱乐支出比重	%
		城市品牌的认知度	等级
	历史文化	国家级自然保护区个数	个
		来黔境外旅游人数	万人次
生态法规	经济法规调适	经济案件诉讼代理数量	件
		经济合同公证数量	件
		破坏社会主义市场经济秩序罪数量	件
	环境法规调适	生产安全事故死亡人数	人
	社会法规调适	行政诉讼代理数量	件
		妨碍社会管理秩序罪数量	件

第四章　生态文明指标的实证
筛选与权重判定

贵州生态文明指标体系涵盖经济、社会、环境、资源、文化等方面。指标体系中各指标具有相对重要性，由于指标评价目的不同而对某项指标的重视程度不同，或因某项指标的影响程度不同而在评价时给予不同的重视，或因各指标之间具有不同的量纲，因此对评价指标进行筛选并确定指标的相对重要性，权重也就具有了极其重要的作用。它的合理与否在很大程度上影响着贵州生态文明指标体系的正确性和科学性，影响着整个指标体系的使用效果，因此确定指标体系中各项指标的权重系数，是本章研究的重点与核心问题。

第一节　指标权重确定的主要方法

目前，国内很多学者就生态文明、可持续发展等指标体系中权重的确定展开过讨论与研究，现在该问题仍是学术界争论的焦点之一。根据计算权重系数时原始数据来源以及计算过程的不同，相关方法大致可分为三类：一是主观赋权法；二是客观赋权法；三是主客观综合集成赋权法。三类方法的关系如图 4 - 1 所示。

一　主观赋权法

主观赋权法是指各位评价专家依据自己的经验，对各评价指标的重要程度进行打分，首先对指标进行适当筛选，然后再经过统计分析后得出指标权重，如层次分析法、专家打分法、二项系数加权和法、模糊分析法、环比评分法、序列分析法等。它的优点是专家可以根据实际问题，较为合理地确定各指标之间的排序，也就是说，虽然主观赋权法不能准确地确定各指标的权重系数,但在通常情况下,它可以在一定程度上有效地确定各指标按重要程度给定的权重系数的先后顺序。它的缺点是主观随意性大,选取的专家不同,得出的权重系数也不同,这一点并未因采取诸如增加专家数量、仔细遴选专家等措施而得到根本改善。因而,在某些情况下,运用主观赋权法得到的权重结果可能会与实际情况存在较大差异。

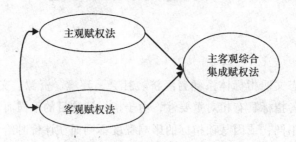

图 4 - 1　三类指标权重确定方法的关系结构

(一) 层次分析法

层次分析法(Analytic Hierarchy Process,AHP)是 20 世纪 70 年代初由美国著名运筹学家、匹兹堡大学 T. L. Saaty 教授首次提出的一种多目标决策评价方法。该方法能够处理复杂的多准则决策问题,能够有效分析目标准则体系层次间的非序列关系,有效地综合测度决策者的判断和比较。它是一种把定量和定性分析相结合的多目标决策方法,将决策者的主观判断用数量形式表达出来并进行科学处理。通过这种方法,可以将复杂问题分解为若干层次和若干因素,在各因素之间进行简单的比较和计算,就可以得出不同方案重要性程度的权重。

(二) 专家打分法

专家打分法(Experts Grading Method),又名德尔菲法,是指通过匿名方式征询有关专家的意见,对专家意见进行统计、处理、分析和归纳,客观地综合多数专家的经验与主观判断,对大量难以采用技术方法进行定量分析的因素做出合理估算,经过多轮意见征询、反馈和调整后,对价值可实现程度进行分析的一种评估方法。它的优点在于简单易行,具有一定科学性和实用性。在预测过程中,由于专家彼此互不相识、互不来往,能够克服专家会议中经常发生的专家们不能充分发表意见、权威人物的意见左右其他人的意见等弊端,从而使各位专家能够真正充分地发表自己的预测意见；同时也可以将大家发表的意见较快综合，参与者也易接受所得结论，因此该方法还具有一定程度的客观性。

二 客观赋权法

客观赋权法是指利用样本数据所隐含的信息，根据历史数据研究指标间的相关关系或结果关系的一种指标权重确定方法，如熵值法、主成分分析法、多目标规划法、灰色决策法、变异系数法、均方差法等。它的原始数据来源于评价矩阵的实际数据，使系数具有绝对的客观性，依据评价指标对所有评价方案差异的大小来决定其权重系数的大小。该方法的突出优点是权重系数客观性强，缺点在于没有考虑到决策者的主观意愿，而且计算方法大都比较烦琐。在实际应用中，依据上述原理确定的权重系数，最重要的指标不一定具有最大的权重系数，且最不重要的指标可能具有最大的权重系数，因此，得出的结果会与各属性的实际重要程度相悖，难以给出明确的解释。

（一）熵值法

熵值法（Entropy Method）就是利用信息论中信息熵来确定多指标决策问题各评价指标权重。它的基本思想是从若干个可行方案中选择最优方案，基于这些可行方案的各个指标向决策者提供决策信息。谁提供决策的确定信息量大，谁对决策做的贡献就大，从而该指标的权重值也就越大。该方法的不足之处在于，赋值时仅对指标列的组间信息传递变异进行了调整，而且对于异常数据太过敏感，实际应用中有时某些非重要指标经此法计算得出的客观权重过大，导致综合权重不切实际。

（二）主成分分析法

主成分分析法（Principal Component Analysis，PCA）是通过因子矩阵的旋转得到的因子变量和原变量间的关系，然后根据主成分的方差贡献率作为权重，给出一个综合评价值。它的基本思想是从简化方差和协方差的结构来考虑降维，即在一定的约束条件下，把代表各原始变量的各坐标通过旋转而得到一组具有某种良好的方差性质的新变量，再从中选取前几个变量来代替原变量。该方法能够明确各公因子的实际含义，同时可以考察每个因子数据的内部结构，并通过适用性检验来检测变量组的设定是否合理；局限性在于此方法仅能得到有限的主成分权重，而无法获得各个独立指标的客观权重，特别是当构成因子的指标之间相关度很低时，该方法将受到更大局限。

（三）变异系数法

变异系数法（Coefficient of Variation Method）是直接利用各项指标所包含的信息，通过计算得到指标的权重，因此是一种客观赋权法。它的基本思想是：在多指标综合评价中，如果某项指标在所有被评价对象上观测值的变异程度较大，说明该指标在评价生态文明时达到平均水平的难度较大，能够明确地区分各被评价对象在该方面的能力，因此该指标应赋予较大的权重。

三　主客观综合集成赋权法

经过对已有的综合集成赋权法进行对比分析发现，综合主客观影响因素的综合集成赋权法已有多种形式，但根据不同的原理，主要有以下三种。一是将各评价对象综合评价值最大化为目标函数，这种综合赋权方法主要有基于单位化约束条件的综合集成赋权法。二是在各可选权重之间寻找一致或妥协，即极小化可能的权重与各基本权重之间的各自偏差，这种综合集成赋权方法主要有基于博弈论的综合集成赋权法。三是使各评价对象综合评价值尽可能展示出不同层次，也即以各决策方案的综合评价值尽可能分散作为指导思想，这种综合集成赋权法主要有基于离差平方和的综合集成赋权法。

第二节　研究方法的确定与基本步骤

本书采用主客观综合集成赋权法来确定指标体系中各项指标的权重。具体而言，研究采用层次分析法作为主观赋权法，运用熵值法作为客观赋权法，再利用综合集成赋权法中的加法集成法来计算各指标的权重，研究采取的技术路线如图4-2所示。

一　层次分析法步骤

AHP充分利用人的分析、判断和综合能力，将复杂的问题分解为多个组成因素并形成一个多层次模型，通过两两比较的方式确定层次中诸因素的相对重要性，然后综合评价主题的判断以确定因素的相对重要性排序。AHP大体可分为以下四个步骤：

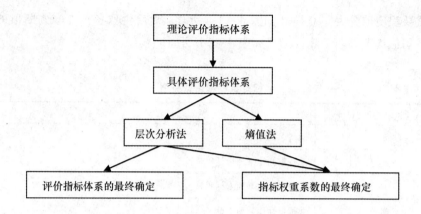

图4-2　研究采取的技术路线图

（一）递阶层次结构模型的构建

对决策对象调查研究，分析目标体系所涉及因素的关联、隶属关系，进而划分不同层次，构建有序的递阶层次结构模型（如图4-3所示）。层次结构包含目标层、系统层和指标层三种类型，其中，目标层是对问题最终要达到的目的进行概括，一般只有一个元素；系统层是对各个系统的相应评价标准，可以有多个元素；指标层是对系统层各要素的具体细化指标，也可以由多个因素组成。

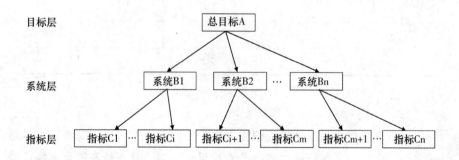

图4-3　递阶层次结构模型

（二）判断矩阵的构建

根据本章研究的理论层次结构，邀请相关专家进行分析，给出各指标间对于总目标重要性的比例关系，具体数值大小可根据本研究的"相对

重要程度取分表"获得（如表 4 - 1 所示），然后再取各位专家判断值的
平均值构造判断矩阵（形式如表 4 - 2 所示）。

表 4 - 1　　　　　　　　　　　相对重要程度取分表

相对重要性得分	含义
1	两指标同样重要
3	某行指标比某列指标稍微重要
5	某行指标比某列指标明显重要
7	某行指标比某列指标强烈重要
9	某行指标比某列指标极端重要
2，4，6，8	表示相邻两得分间折中时的得分
得分倒数：1/i，其中 i = 1，2，…，9	当某行指标不如某列指标重要时，用倒数形式 1/i 表示，i 代表某列指标对某行指标的重要性程度

表 4 - 2　　　　　　　　　　　　　判断矩阵表

列指标 行指标	B1	B2	…	Bn
B1	C11	C12	…	C1n
B2	C21	C22	…	C2n
…	…	…	…	…
Bn	Cn1	Cn2	…	Cnn

（三）指标体系的一致性检验

基于客观事物复杂性及人们主观判断差异的思考，每一判断都难以达
到完全一致。为了保证通过层次分析法得出的结论具备较高的合理性，需
要对各判断矩阵进行一致性检验。本章研究进行的一致性检验，就是对指
标体系的可信度和准确性进行检验。

通过 AHP，可运用判断矩阵特征值的变化来进行检验。为此，建立
一致性检验指标 CI 与 RI。其中 CI 作为度量判断矩阵偏离一致性的指标，
具体检验步骤如下：

1. 计算判断矩阵的最大特征根 λ_{max}

具体计算公式为：$\lambda_{max} = \dfrac{1}{n} \sum\limits_{i=1}^{n} \dfrac{\sum\limits_{j=1}^{n} a_{ij} w_j}{w_i}$。

2. 计算一致性指标 CI

具体计算公式为：$CI = \dfrac{\lambda_{max} - n}{n-1}$，用来衡量判断矩阵特征值变化与判断矩阵的不一致程度。

3. 查找平均随机一致性指标 RI

为了得到不同阶数的判断矩阵均适用的一致性检验临界值，我们还需引入平均随机一致性指数 RI，1—10 阶判断矩阵对应的 RI 如表 4 – 3 所示。

表 4 – 3   判断矩阵对应的 RI 值

n	1	2	3	4	5	6	7	8	9	10
RI	0.00	0.00	0.58	0.90	1.12	1.24	1.32	1.41	1.45	1.49

4. 计算一致性比率 CR

一致性比率 CR 为判断矩阵的一致性指标 CI 与平均随机一致性指数 RI 的比值。当满足 $CR = \dfrac{CI}{RI} < 0.1$ 时，则认为判断矩阵具有满意的一致性，指标权重是可信的；反之，当 $CR \geq 0.1$ 时，就需要对判断矩阵进行调整，直至通过一致性检验为止。

（四）指标权重的计算

目前，计算指标权重的方法主要有对数最小二乘法、最小二乘法、特征根法和方根法。本书采用特征根法进行指标权重的计算。具体步骤如下：

1. 计算判断矩阵每一行元素的积：$M_i = \prod\limits_{j=1}^{n} a_{ij}(i = 1,2,3,\cdots,n)$。

2. 计算各行 M_i 的 n 次方根：$W = \sqrt[n]{M_i}$。

3. 对向量 $W = (W_1, W_2, \cdots, W_n)^{\mathrm{T}}$ 进行归一化：$w_i = \dfrac{W_i}{\sum\limits_{i=1}^{n} W_i}$，$w_i$ 即为所

求指标的权重系数。

二　熵值法步骤

依据熵的性质,应用信息熵反应系统信息的有序程度和信息的效用值,进行客观赋权从而做出综合评价。假定一个随机试验有有限个互不相容的结果 A_1,A_2,…,A_m,这些结果出现的概率分别为 P_1,P_2,…,P_m,则这 m 个结果的熵为:$E = -\sum_{i=1}^{m} P_i \ln P_i (i = 1,2,\cdots,m)$。熵值越大,说明 P_1,P_2,…,P_m 间的差异越小,随机试验的不确定性越高。本研究将熵值法思想引入到研究中,把每个指标看成一个随机试验,相关分析步骤如下:

(一)构建原始指标数据矩阵 X

$X = \{x_{ij}\}_{m \times n}$,$0 \leq i \leq m$,$0 \leq j \leq n$。其中 x_{ij} 为第 i 个评价对象在第 j 项指标上的指标值。由于各个指标的量纲及指标的正负取向均有差异,不宜进行直接比较,因此实际分析中我们需要对初试数据进行标准化处理。

(二)数据标准化处理

将 X 进行标准化后,得到 $R = \{r_{ij}\}_{m \times n}$,这里 r_{ij} 为第 i 个评价对象在第 j 项指标上的标准化数值,且 $r_{ij} \in [0,1]$。对于正向指标而言,$r_{ij} = \dfrac{x_{ij} - \min\{x_{ij}\}}{\max\{x_{ij}\} - \min\{x_{ij}\}}$;对于负向指标而言,$r_{ij} = \dfrac{\max\{x_{ij}\} - x_{ij}}{\max\{x_{ij}\} - \min\{x_{ij}\}}$。

然后利用 Z-Score 标准化公式 $z_{ij} = \dfrac{r_{ij} - \overline{r_j}}{s_j}$ 进行标准化,其中 $\overline{r_j}$ 为第 j 项指标的均值,s_j 为其标准差。由于计算熵值时需要取对数,因此指标值必须为正数,我们令 $y_{ij} = z_{ij} + b$,其中 b 为使 $b + \min z_{ij}$ 略大于 0 的一个正数,从而求得了标准化矩阵 $Y = \{y_{ij}\}_{m \times n}$。

(三)计算指标熵值 e 和效用值 d

首先,计算第 j 项指标下第 i 个样本指标的比重 p_{ij},$p_{ij} = \dfrac{y_{ij}}{\sum_{i=1}^{m} y_{ij}}$。

其次,计算第 j 项指标的熵值 e_j,$e_j = -K \sum_{i=1}^{m} p_{ij} \ln p_{ij}$,其中 $K > 0$,

$e_j > 0$。在这里，常数 K 与系统样本数 m 有关，对于一个信息完全无序的系统，其有序度为零，熵值最大，$e = 1$，m 各样本处于完全无序分布状态时，$p_{ij} = \dfrac{1}{m}$。此时，$e_j = -K\sum\limits_{i=1}^{m}\dfrac{1}{m}\ln\dfrac{1}{m} = K\sum\limits_{i=1}^{m}\dfrac{1}{m}\ln m = K\ln m = 1$，于是可以得到 $K = \dfrac{1}{\ln m}$，$0 \le e \le 1$。

最后，计算指标的效用值 d_j。由于熵值 e_j 可用来度量第 j 项指标的效用价值，因此对于给定的第 j 项指标，x_{ij} 差异越小，则 e_j 越大；当 x_{ij} 全部相等时，$e_j = e_{\max} = 1$。此时 e_j 的信息对综合评价的效用值为零；当 x_{ij} 差异越大，e_j 越小，其对综合评价的效用也越大。我们定义 d_j 为第 j 项指标的效用值，则 $d_j = 1 - e_j$。

（四）指标权重的计算

利用熵值法计算各个指标的权重，本质是利用该指标的价值系数来计算，价值系数越高，对评价的重要性越大，即对评价结果的贡献越大，第 j 项指标的权重计算公式为：$w_i = \dfrac{d_i}{\sum\limits_{i=1}^{m} d_i}$。

（五）类指数权重的计算

首先对下层结构的各个指标的效用值求和，得到各类指数的效用值，记为 $D_k(k = 1,2,\cdots,g)$，进而得到全部指数效用值的总和 D，$D = \sum\limits_{k=1}^{g} D_k$，则相应类指数的权重为：$W_k = \dfrac{D_k}{D}$。

三　主客观综合集成赋权法步骤

设 w_{i1} 和 w_{i2} 分别为基于层次分析法和熵值法计算得到的指标 x_i 的权重系数，采用加法集成法，按 $w_i = \dfrac{w_{i1} + w_{i2}}{\sum\limits_{i=1}^{m}(w_{i1} + w_{i2})}$ 公式对两类方法获取的权重系数进行综合，综合生成的 w_i 是具有同时体现主客观特征的权重系数。

第三节　实验设计与问卷调查

一　实验设计

按照已构建的贵州生态文明的理论评价指标体系,本书将该指标体系分解为生态经济、生态安全、生态文化和生态法规四个核心系统,然后依据各项指标与系统间的隶属程度,构建出"目标层—系统层—指标层"三个层次、33个单项指标的贵州生态文明指标体系。指标体系中各层设计如下:

一级指标:目标层,贵州生态文明指标体系,记为A;

二级指标:系统层,包括生态经济(B1)、生态安全(B2)、生态文化(B3)和生态法规(B4)四个系统;

三级指标:指标层,总共包含33个单项指标,分别为:GDP(C1)、第三产业GDP增长贡献率(C2)、产业总产值增长率(C3)、能源消费弹性系数(C4)、万元GDP能耗量(C5)、居民价格消费指数(C6)、人均GDP(C7)、就业率(C8)、城市污水处理率(C9)、新增废气治理能力(C10)、工业固体废物综合利用率(C11)、二氧化硫排放总量(C12)、工业废水排放达标量(C13)、森林覆盖率(C14)、天然林保护工程面积(C15)、退耕还林工程面积(C16)、环保资金投入占GDP比重(C17)、人均公共绿地面积(C18)、少数民族人口总数(C19)、民族自治地方人均GDP(C20)、非物质文化遗产申报数量(C21)、高等教育毛入学率(C22)、农村居民家庭文教娱乐支出比重(C23)、城镇居民家庭文教娱乐支出比重(C24)、城市品牌的认知度(C25)、国家级自然保护区个数(C26)、来黔境外旅游人数(C27)、经济案件诉讼代理数量(C28)、经济合同公证数量(C29)、破坏社会主义市场经济秩序罪数量(C30)、生产安全事故死亡人数(C31)、行政诉讼代理数量(C32)、妨碍社会管理秩序罪数量(C33)。

二　单项指标含义解释

指标体系中包含33个单项指标,每一单项指标要素的含义解释如下:

C1 GDP:又称为国内生产总值,指在一个国家或地区的领土范围内,本国居民和外国居民在一定时期(一年)内所生产的最终产品和提供的劳务价值总和。该指标是按国土原则计算的各经济部门增加值的总和。

C2 第三产业 GDP 增长贡献率：反映第三产业对 GDP 贡献的增长程度，是衡量社会经济效益的重要指标，等于第三产业对 GDP 贡献的增长值与基期第三产业对 GDP 贡献值的百分比。

C3 产业总产值增长率：衡量三大产业总产值的增长速度，是衡量经济发展速度的重要指标之一。

C4 能源消费弹性系数：是反映能源消费增长速度与国民经济增长速度之间比例关系的指标，等于能源消费量年平均增长速度与国民经济年平均增长速度之比。

C5 万元 GDP 能耗量：是指一定时期内，一个国家或地区（创造）一个计量单位（通常为万元）的 GDP 所消费的能源，该指标等于能源消费总量与 GDP 之比，反映区域能源利用效率及经济发展的可持续性。

C6 居民价格消费指数：是对一个固定消费品价格的衡量，主要反映消费者支付商品和劳务的价格变化情况，也是一种度量通货膨胀水平的工具，以百分比变化为表达形式。

C7 人均 GDP：是指该国家（地区）经济在一定核算期内所有单位生产（服务）的最终产品的总量的人均数增长水平，该指标能反映出一个国家（地区）整体经济发展的速度。

C8 就业率：反映可能参与社会劳动的全部劳动力的实际利用程度，指就业人口与劳动力人口的百分比。就业人口是指在一定时期内届满一定下限年龄，有工作并取得报酬或收益的人；或有职位而暂时没有工作（如生病、工伤、劳资纠纷、假期等）的人以及家庭企业或农场的无酬工作者。

C9 城市污水处理率：指通过管网进入污水处理厂处理的城市污水量占污水排放总量的百分比，反映一个国家或地区对环境水域不产生危害而采取的生态措施。

C10 新增废气治理能力：用于反映环境治理的指标，在本指标体系中用来衡量省内生态环境的修复状况。

C11 工业固体废物综合利用率：指每年综合利用工业固体废物的总量与当年工业固体废弃物产生量和综合利用往年贮存量总和的百分比，反映资源合理利用的程度。

C12 二氧化硫排放总量：指报告期内工业二氧化硫排放量与生活二氧

化硫排放量之和。前者是指报告期内企业在燃料燃烧和生产工艺过程中排入大气的二氧化硫总量;后者指除工业生产活动以外的所有社会、经济活动及公共设施的经营活动中燃煤所排放的二氧化硫总重量。

C13 工业废水排放达标量:指各项指标都达到国家或地方排放标准的外排工业废水量,包括未经处理外排达标和经过处理后外排达标,以及经污水处理厂处理后达标排放的工业废水量。

C14 森林覆盖率:指有林地的面积占土地总面积的百分比,表示一个地区拥有森林资源和林地占有的实际状况,它是反映森林资源的丰富程度和生态平衡状况的重要指标。

C15 天然林保护工程面积:指一个国家或地区对天然林资源的保护力度,反映该地区经济和生态环境的可持续发展程度。

C16 退耕还林工程面积:指一个国家或地区把不适于耕作的农地(主要指坡度在 25°以上的坡耕地)有计划地转换为林地的面积的程度。

C17 环保资金投入占 GDP 比重:用于环境污染防治、生态环境保护和建设投资占当年国内生产总值(GDP)的比例,它是衡量环境保护问题的重要指标。

C18 人均公共绿地面积:报告期末区域内城市人口平均每人拥有的公共绿地面积,是区域内公共绿地面积与区域内城市人口数的百分比。

C19 少数民族人口总数:指一个国家或地区内少数民族的人口数量总和,是用来反映该地区民族状况的指标。

C20 民族自治地方人均 GDP:以民族自治地区一定时期的生产总值(现价)除以同时期平均人口所得出的结果,是反映民族自治地区生活状况的指标。

C21 非物质文化遗产申报数量:该指标用于衡量民族特殊的生产生活方式,是民族个性、民族审美习惯的体现,是反映该地区民族特色的重要指标。

C22 高等教育毛入学率:指已入学人数(无论年龄多大)与适龄人口之比,主要用于反映一个国家或地区高等教育的发展现状和比较不同国家的高等教育发展水平。

C23 农村居民家庭文教娱乐支出比重:指农村住户用于文化、教育、娱乐方面的支出比例,包括文化教育娱乐用品、教育服务和文化体育娱乐服务的支出比例。

C24 城镇居民家庭文教娱乐支出比重：指城镇住户用于文化、教育、娱乐方面的支出比例。

C25 城市品牌的认知度：是衡量居民对城市品牌内涵及价值的认识和理解度的标准，品牌认知是城市核心竞争力的一种体现，该指标反映省内的人文素养状况。

C26 国家级自然保护区个数：用来反映生物多样性、生态平衡和生态功能，能够衡量省内历史文化的发展状况。

C27 来黔境外旅游人数：用于衡量省内历史文化景点对游客的吸引程度。

C28 经济案件诉讼代理数量：衡量由于经济侵权而产生纠纷的数量，在本指标体系中作为经济法规调试的衡量指标之一。

C29 经济合同公证数量：衡量省内经济合同纠纷的数量。

C30 破坏社会主义市场经济秩序罪数量：衡量对省内经济活动产生扰乱或破坏的行为数量。

C31 生产安全事故死亡人数：衡量环境法规调试的指标。

C32 行政诉讼代理数量：反映省内法律、法规遵守程度的指标，在本指标体系中用于衡量省内社会法规调适状况。

C33 妨碍社会管理秩序罪数量：用于衡量省内社会法规的执行状况。

三　问卷调查

评价指标体系确定后，我们设计了贵州生态文明指标体系专家咨询表（具体参见附录1）。该问卷均是测量各个系统及指标间的相对重要性程度，以便利于确定各个指标的权重系数。

（一）问卷预调查

调查问卷设计完成后，为保证调查问卷内容满足第三章提到的四个基本设计原则，我们专门邀请了生态文明方面的专家、学者来对问卷进行预先测试。在测试过程中，专家学者们对问卷的内容、结构、指标提出了自己的意见，根据他们的意见和自己的见解对问卷进行了修改和完善。目的是为了确保指标描述的简洁且没有歧义，使问卷更加完整、可行、客观，也使得收集的数据更加真实有效，可靠性更高。

（二）问卷正式调查

为保证调查结果的精确性，我们选择了对贵州生态文明状况较为熟悉

和了解的政府人员、国家机关人员和事业单位人员作为调查研究对象。本
次调查采取纸质问卷调查,调查过程中总共派出 3 名调查人员进行问卷的
发放与收回,基于对被调查者作答疑问解释的考虑,问卷发放采取当场发
放、当场收回的形式,调查过程中调查人员一直在调查现场,在一定程度
上保证了问卷的质量。本次调查总共发放问卷 230 份,最终收回问卷 228
份,问卷回收率为 99.1%。

　　为了保证后续分析更加严谨可靠,我们对所收回的 228 份问卷进行筛
选,其中有 56 份由于数据缺失较大或填写不符合要求而被删除,最终获
得有效问卷 172 份,问卷的有效回收率为 74.8%。被调查者的基本属性
如表 4 - 4 所示。

表 4 - 4　　　　　　　　　　被调查者的基本属性

被调查者特征	类别	数量	所占比例(%)
性别	男	90	52.3
	女	82	47.7
年龄	30 岁及以下	4	2.3
	31—40 岁	29	16.9
	41—50 岁	107	62.2
	51 岁及以上	32	18.6

　　从表 4 - 4 中可以看出,男女比例接近1:1,与整体人口比例相匹
配,说明本次调查研究选取的样本在性别分布上能够满足分析的需要,
被调查者在抽样视角上不存在偏差;对年龄变量进行统计分析发现其均
值为 46.58 岁,标准差为 5.534,利用非参数检验中的 K - S 检验,得
到统计量 Z 值为 1.332($p = 0.058 > 0.05$),说明年龄分布与正态分布
无显著性差异,被调查者年龄特征具备较强的代表性。可以看出,数据
点均随机分散在对角线附近,可判定样本的总体与正态分布不存在显著
性差异。

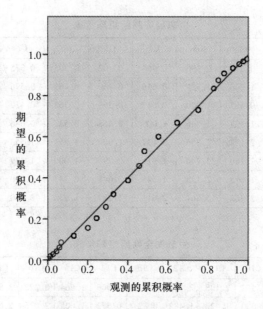

图 4 - 4 被调查者年龄的正态 P—P 图

第四节 统计分析结果

一 层次分析结果

对相应判断矩阵得分求几何算术平均，应用 yaahp0.6.0 统计分析软件，将平均后的专家评分结果输入判断矩阵中，从而得到各层指标在贵州生态文明指标体系中的权重系数，相应结果分别如表 4 - 5 至表 4 - 9 所示。

表 4 - 5   生态文明判断矩阵结果

A	B1	B2	B3	B4	Wi
B1	1.000	0.314	2.070	0.486	0.164
B2	3.185	1.000	3.292	1.547	0.440
B3	0.483	0.304	1.000	0.470	0.112
B4	2.058	0.646	2.128	1.000	0.284

表 4-6   生态经济判断矩阵结果

B1	C1	C2	C3	C4	C5	C6	C7	C8	Wi
C1	1.000	0.655	0.996	0.484	0.302	0.303	0.375	0.222	0.052
C2	1.527	1.000	1.521	0.656	0.460	0.463	0.596	0.362	0.078
C3	1.004	0.657	1.000	0.647	0.363	0.365	0.470	0.297	0.060
C4	2.066	1.524	1.546	1.000	0.468	0.522	0.646	0.383	0.095
C5	3.311	2.174	2.755	2.137	1.000	1.257	1.553	0.776	0.185
C6	3.300	2.160	2.740	1.916	0.796	1.000	1.339	0.752	0.169
C7	2.667	1.678	2.128	1.548	0.644	0.747	1.000	0.474	0.128
C8	4.505	2.762	3.367	2.611	1.289	1.330	2.110	1.000	0.233

表 4-7   生态安全判断矩阵结果

B2	C9	C10	C11	C12	C13	C14	C15	C16	C17	C18	Wi
C9	1.000	1.552	2.108	2.115	1.330	1.006	1.664	3.222	3.812	5.612	0.179
C10	0.644	1.000	1.426	1.482	0.824	0.572	1.005	2.076	2.631	3.471	0.115
C11	0.474	0.701	1.000	1.003	0.607	0.398	0.658	1.834	2.376	2.662	0.085
C12	0.473	0.675	0.997	1.000	0.605	0.453	0.702	1.401	2.059	2.653	0.083
C13	0.752	1.214	1.649	1.654	1.000	0.703	1.322	2.099	2.449	2.743	0.126
C14	0.994	1.748	2.514	2.207	1.423	1.000	1.653	2.134	2.575	3.011	0.161
C15	0.601	0.995	1.520	1.424	0.757	0.605	1.000	1.859	2.304	2.806	0.108
C16	0.310	0.482	0.545	0.714	0.476	0.469	0.538	1.000	1.521	2.090	0.061
C17	0.262	0.380	0.481	0.486	0.408	0.388	0.434	0.657	1.000	1.752	0.047
C18	0.178	0.288	0.376	0.377	0.365	0.332	0.356	0.478	0.571	1.000	0.035

表 4-8   生态文化判断矩阵结果

B3	C19	C20	C21	C22	C23	C24	C25	C26	C27	Wi
C19	1.000	0.370	0.476	0.174	0.339	0.367	0.175	0.196	0.300	0.030
C20	2.706	1.000	1.853	0.314	0.827	0.904	0.316	0.398	0.649	0.073
C21	2.102	0.540	1.000	0.241	0.535	0.643	0.230	0.265	0.556	0.050
C22	5.746	3.185	4.154	1.000	2.106	2.110	1.207	1.318	1.965	0.204
C23	2.950	1.210	1.869	0.475	1.000	1.052	0.597	0.642	0.755	0.094
C24	2.723	1.106	1.554	0.474	0.950	1.000	0.317	0.417	0.576	0.077
C25	5.713	3.167	4.347	0.828	1.675	3.147	1.000	1.310	1.902	0.199
C26	5.101	2.514	3.774	0.759	1.558	2.394	0.763	1.000	1.428	0.164
C27	3.334	1.540	1.797	0.509	1.324	1.735	0.526	0.700	1.000	0.109

表4-9　　　　　　　　　生态法规判断矩阵结果

B4	C28	C29	C30	C31	C32	C33	Wi
C28	1.000	0.660	0.183	0.170	0.486	0.315	0.050
C29	1.516	1.000	0.237	0.217	0.756	0.398	0.070
C30	5.471	4.222	1.000	0.658	3.194	2.172	0.286
C31	5.879	4.609	1.521	1.000	3.345	2.307	0.343
C32	2.056	1.322	0.313	0.299	1.000	0.572	0.095
C33	3.173	2.512	0.460	0.433	1.750	1.000	0.156

在计算各项指标权重之前，我们需要对各判断矩阵进行一致性检验，检验结果如表4-10所示。

表4-10　　　　　　　　　一致性检验结果

判断矩阵类型	λ_{max}	CR	是否通过检验
A	4.061	0.023	是
B1	8.032	0.003	是
B2	10.104	0.008	是
B3	9.068	0.006	是
B4	6.027	0.004	是

从表4-10中我们可以看出，各判断矩阵的CR均小于0.1，也就是说，各判断矩阵均通过了一致性检验，说明本章研究中通过判断矩阵所得到的各项指标的权重在统计上均是有效的。之后，还要对整个指标体系进行一致性检验，如果达不到满意的指标，仍需要对前面的判断矩阵进行调整。

$$CI = \sum_{i=1}^{4} W_i CI = 0.164 \times 0.00457 + 0.44 \times 0.0116 + 0.112 \times 0.0085 + 0.284 \times 0.0054 = 0.00834;$$

$$RI = \sum_{i=1}^{4} W_i RI = 0.164 \times 1.41 + 0.44 \times 1.49 + 0.112 \times 1.45 + 0.284 \times 1.24 = 1.40588;$$

$$CR = \frac{CI}{RI} = 0.00593 < 0.1，因此整个指标体系满足一致性检验要求，$$

说明本研究建立的贵州生态文明指标体系是合理有效的。

通过一致性检验后，计算出层次分析法下贵州生态文明指标体系各项指标的最终权重系数，所得结果如表4-11所示。

表4-11   层次分析法下各项指标最终权重系数

系统层 指标层	B1 0.164	B2 0.440	B3 0.112	B4 0.284	最终权重系数
C1	0.052				0.009
C2	0.078				0.013
C3	0.060				0.010
C4	0.095				0.016
C5	0.185				0.030
C6	0.169				0.028
C7	0.128				0.021
C8	0.233				0.038
C9		0.179			0.079
C10		0.115			0.050
C11		0.085			0.037
C12		0.083			0.036
C13		0.126			0.056
C14		0.161			0.071
C15		0.108			0.048
C16		0.061			0.027
C17		0.047			0.021
C18		0.035			0.015
C19			0.030		0.003
C20			0.073		0.008
C21			0.050		0.006
C22			0.204		0.023
C23			0.094		0.011
C24			0.077		0.009
C25			0.199		0.022
C26			0.164		0.018
C27			0.109		0.012
C28				0.050	0.014
C29				0.070	0.020
C30				0.286	0.081
C31				0.343	0.098
C32				0.095	0.027
C33				0.156	0.044

二　熵值法分析结果

以 2006—2010 年贵州省相关数据作为基础，按熵值法计算步骤得到各项指标的熵值、效用值以及指标权重系数。运用 SPSS17.0 软件对个别年份中指标的缺失值进行了线性插值处理，得到的相关结果如表 4 – 12 所示。

表 4 – 12　　　　　　　　各项指标的熵值、效用值及权重系数

指标	熵值	效用值	权重系数	指标	熵值	效用值	权重系数
C1	0.727	0.273	0.126	C18	0.601	0.399	0.109
C2	0.741	0.259	0.119	C19	0.516	0.484	0.147
C3	0.753	0.247	0.114	C20	0.710	0.290	0.088
C4	0.766	0.234	0.108	C21	0.756	0.244	0.074
C5	0.700	0.300	0.138	C22	0.685	0.315	0.096
C6	0.712	0.288	0.132	C23	0.711	0.289	0.088
C7	0.721	0.279	0.128	C24	0.627	0.373	0.114
C8	0.703	0.297	0.137	C25	0.703	0.297	0.090
C9	0.692	0.308	0.084	C26	0.315	0.685	0.209
C10	0.671	0.329	0.090	C27	0.693	0.307	0.093
C11	0.673	0.327	0.089	C28	0.780	0.220	0.232
C12	0.682	0.318	0.087	C29	0.858	0.142	0.150
C13	0.631	0.369	0.101	C30	0.850	0.150	0.158
C14	0.442	0.558	0.153	C31	0.864	0.136	0.144
C15	0.642	0.358	0.098	C32	0.891	0.109	0.115
C16	0.683	0.317	0.087	C33	0.810	0.190	0.201
C17	0.629	0.371	0.102				

然后，依据表 4 – 12 中各指标的效用值，求出熵值法下各系统的权重系数，所得结果如表 4 – 13 所示。

表4-13   熵值法下各系统的权重系数

系统类型	B1	B2	B3	B4
权重系数	0.216	0.363	0.326	0.094

最后，计算出熵值法下贵州生态文明指标体系各项指标的最终权重系数，所得结果如表4-14所示。

表4-14   熵值法下各项指标的最终权重系数

系统层 指标层	B1 0.216	B2 0.363	B3 0.326	B4 0.094	最终权重系数
C1	0.126				0.027
C2	0.119				0.026
C3	0.114				0.025
C4	0.108				0.023
C5	0.138				0.030
C6	0.132				0.029
C7	0.128				0.028
C8	0.137				0.030
C9		0.084			0.030
C10		0.090			0.033
C11		0.089			0.032
C12		0.087			0.032
C13		0.101			0.037
C14		0.153			0.056
C15		0.098			0.036
C16		0.087			0.032
C17		0.102			0.037
C18		0.109			0.039
C19			0.147		0.048
C20			0.088		0.029
C21			0.074		0.024

续表

系统层 指标层	B1 0.216	B2 0.363	B3 0.326	B4 0.094	最终权重系数
C22			0.096		0.031
C23			0.088		0.029
C24			0.114		0.037
C25			0.090		0.029
C26			0.209		0.068
C27			0.093		0.030
C28				0.232	0.022
C29				0.150	0.014
C30				0.158	0.015
C31				0.144	0.013
C32				0.115	0.011
C33				0.201	0.019

三 主客观综合集成赋权法结果

通过加法集成法，经计算得到各项指标的最终权重系数，如表 4 - 15 所示。

表 4 - 15　　　　贵州生态文明指标体系各项指标的最终权重系数

目标层	系统层	指标层		最终权重系数	权重系数排名
A 生态 文明 (1.000)	B1 生态 经济 (0.190)	C1	GDP	0.018	29
		C2	第三产业 GDP 增长贡献率	0.020	24
		C3	产业总产值增长率	0.018	30
		C4	能源消费弹性系数	0.020	25
		C5	万元 GDP 能耗量	0.030	13
		C6	居民价格消费指数	0.029	15
		C7	人均 GDP	0.024	21
		C8	就业率	0.034	9

续表

目标层	系统层	指标层		最终权重系数	权重系数排名
A 生态文明 (1.000)	B2 生态安全 (0.402)	C9	城市污水处理率	0.054	3
		C10	新增废气治理能力	0.042	7
		C11	工业固体废物综合利用率	0.034	10
		C12	二氧化硫排放总量	0.034	11
		C13	工业废水排放达标量	0.047	5
		C14	森林覆盖率	0.064	1
		C15	天然林保护工程面积	0.042	8
		C16	退耕还林工程面积	0.030	14
		C17	环保资金投入占 GDP 比重	0.029	16
		C18	人均公共绿地面积	0.027	17
	B3 生态文化 (0.219)	C19	少数民族人口总数	0.026	19
		C20	民族自治地方人均 GDP	0.019	27
		C21	非物质文化遗产申报数量	0.015	33
		C22	高等教育毛入学率	0.027	18
		C23	农村居民家庭文教娱乐支出比重	0.020	26
		C24	城镇居民家庭文教娱乐支出比重	0.023	22
		C25	城市品牌的认知度	0.025	20
		C26	国家级自然保护区个数	0.043	6
		C27	来黔境外旅游人数	0.021	23
	B4 生态法规 (0.189)	C28	经济案件诉讼代理数量	0.018	31
		C29	经济合同公证数量	0.017	32
		C30	破坏社会主义市场经济秩序罪数量	0.048	4
		C31	生产安全事故死亡人数	0.056	2
		C32	行政诉讼代理数量	0.019	28
		C33	妨碍社会管理秩序罪数量	0.032	12

第五章 生态文明进程的综合评价与目标预测

贵州生态文明进程的综合评价可以从发展维度和协调维度两个方面分析。本章采用模糊综合评价法建立贵州生态文明发展现状的评价等级标准，并计算出发展程度的评价值进而确定发展现状；建立协调发展度模型分析贵州当前生态文明系统及各子系统间的静态协调发展程度，运用动态协调发展指数分析系统整体在2006—2010年的动态协调发展态势。

第一节 贵州生态文明发展现状评价

综合评价是建立贵州生态文明指标体系的核心目标之一。通过综合评价，可以从整体上把握贵州生态文明发展进程的现状，能够与其他区域、其他特征的生态文明发展状况进行有效的横向比较。综合评价方法是完成指标体系评价功能的重要手段和方式，该方法的选择直接关系到综合评价的最终结果。目前，综合评价方法主要有模糊综合评价法、灰色关联度法、理想点法、DSS评判法、向量排序法、全排列多边形图示指标法等。其中，模糊综合评价法与灰色关联度法是应用最为广泛的两类方法。

一 综合评价方法

（一）模糊综合评价法

模糊综合评价法是一种基于模糊数学的综合评价方法，是在事物无法用数值变量精确表达而只能用语言变量做大致定性描述的模糊环境下，根据模糊数学的原理，模拟人脑评价事物的思维过程，综合考虑各个相关因素，并将其影响程度定量化，运用模糊变换对事物做出综合判断的方法。模糊综合评价法不仅可对评价对象按综合分值的大小进行评价和排序，而且还可根据模糊评价集值按最大隶属原则去评定对象所属的等级，克服了传统数学方法结果单一性的缺陷，使结果包含的信息量更为丰富。然而，随着其在经济、社会等复杂系统中的不断应用，由于问题层次结构的复杂性、多因素性、不确定性，信息的不充分以及人类思维的模糊性等矛盾的涌现，使得人们很难对某些事物做出客观的评价和决策。模糊综合评价方法的不足之处是，它并不能解决评价指标造成的评价信息重复问题，致使其评价过程大量运用了人们的主观判断。由于各因素权重的确定带有一定的主观性，因此，总的来说，模糊综合评价法是一种基于主观信息的综合评价方法。

（二）灰色关联度分析法

灰色关联度分析是一种多因素统计分析方法，它基于灰色关联度来描述因素间的关系强弱、大小和次序，来对评价对象进行比较和排序，因此是一种动态过程发展态势的量化分析方法。从分析思路来看，灰色关联度分析是一种相对性的排序分析，依据序列曲线集合形状的相似程度来判断其联系的紧密程度，曲线越接近，相应序列之间的关联度就越大，反之则越小。

灰色关联度分析对样本量没有明确要求，也不需要典型的分布规律，因此该方法在现实中的实际应用性较强。此外，该方法整个计算过程简单，通俗易懂，易于为人们所掌握；数据不必进行归一化处理，可用原始数据进行直接计算，可靠性强；评价指标体系可以根据具体情况增减；无须大量样本，只要有代表性的少量样本即可。它不仅可作为优势分析的基础，也可作为科学决策的依据。然而，灰色关联度分析法只是对评价对象的优劣作出鉴别，并不能反映评价对象的绝对水平，且该方法要求样本数据具有时间序列特性。灰色关联系数的计算还需要确定"分辨率"，但它的选择并没有一个合理、规范的标准。使用这种方法进行对象评价时，指标体系及权重分配也是一个关键问题，其选择的恰当与否直接影响最终评价结果。

（三）综合评价方法述评

综合评价是决策科学化、民主化的基础，是实际工作迫切需要解决的问题。因此，我们需要应用科学、合理的综合评价方法。但是，正如任何事物都有它的两面性一样，每种评价方法都有各自的产生背景，难免存在着局限性和不足之处，盲目应用则会导致错误的决策。近年来许多应用研究已表明，很多学者在综合评价方法的选择上缺乏相应的依据，忽视了评价方法的适应性，从而致使理论研究与实际应用相距甚远。而且，随着理论研究的逐渐深入，对综合评价方法的应用也越来越复杂，研究成果很少基于实际工作者视角，以致其无法为实际工作者在实际应用过程中提供相应参考和借鉴，相应的推广应用也就受到了很大限制。从目前国内外学术文献来看，理论与实践相脱节是综合评价研究领域中一个亟待解决的问题。正确看待和解决应用中的问题，可以促进综合评价方法得到更广泛、更科学、更合理的应用。

指标体系研究中，社会、经济等系统具有明显的层次复杂性、结构关系模糊性、动态变化随机性等特点。就本研究而言，贵州生态文明指标体系是一个具有模糊性质的事物，对其发展程度的综合评价也就具备了模糊性。首先，生态文明发展受到多种因素的影响，在这些复杂多变的影响因素中，许多因素并不能用一个简单的得分来进行评价，因此，影响生态文明的因素具有模糊性；其次，生态文明发展程度等级划分的标准难以界定，分类本身也具备模糊性；最后，各项评价指标的属性不同，重要程度不同，存在着不可公度性。

总体上讲，对贵州生态文明发展程度的综合评价不能用一个简单的"是"或"否"、"非此即彼"来回答。对于这种没有明确界限规定的事物，需要有一种能对事物渐变过程中的不确定性加以描述的数学形式，而模糊综合评价法正是处理这类外延边界"模糊不清"问题的最好方法。该方法能够将生态文明系统的建设评价看作一个模糊集合，并有效地对各指标进行定量化处理，最终评价出生态文明的发展等级。本书采取了主、客观两类方式确定各指标的权重系数，从而保证了模糊综合评价中结果的精确性。因此，基于如上考虑，我们采用模糊综合评价法来对贵州生态文明的发展现状进行合理评价。

二　模糊综合评价法的分析步骤

（一）确定评价对象的因素集 $X = \{x_1, x_2, \cdots, x_m\}$

依据所建立的指标体系，将基于专家打分对贵州生态文明发展状况进行综合评价，生态文明中的 11 个状态分别与指标体系中的各状态相对应。相应的因素集为 $X = \{x_1, x_2, \cdots, x_{11}\} = \{$产业结构，绿色消费，…，社会法规调试$\}$。

（二）确定指标等级区域，给出评价集 $V = \{v_1, v_2, \cdots, v_n\}$

根据国家标准和国际标准，参照国内各地区生态文明的实际状况以及国内外相关研究成果，将贵州生态文明的发展程度划分为5级，由低到高分别为：低级、初级、中级、较高级和高级，相应的评价集为 $V = \{v_1, v_2, v_3, v_4, v_5\}$ = ｛低级，初级，中级，较高级，高级｝。各生态文明发展等级综合评价特征如表5-1所示。

表5-1　　　　　贵州生态文明发展程度综合评价特征表

等级	发展状态	特征说明
1	低级	经济社会发展水平很低，资源消耗处于很差状态；生态修复与生态补偿能力很差；民族特色与历史文化水平处于低级状态，人文素养很差；法律规章、政策条文状况处于下等水平。总之，整个系统运行状况很差，整体可持续发展能力很弱
2	初级	经济社会发展水平较低，资源消耗处于较差状态；生态修复与生态补偿能力较差；民族特色与历史文化水平处于较低级状态，人文素养较差；法律规章、政策条文状况处于中下水平。总之，整个系统运行状况较差，整体可持续发展能力较弱
3	中级	经济社会发展水平一般，资源消耗尚可；生态修复与生态补偿能力一般；民族特色与历史文化水平一般，人文素养尚可；法律规章、政策条文状况处于平均水平。总之，整个系统运行状况一般，整体可持续发展能力一般
4	较高级	经济社会发展水平较高，资源消耗处于较好状态；生态修复与生态补偿能力较强；民族特色与历史文化较丰富，人文素养较高；法律规章、政策条文较为健全、完善。总之，整个系统处于较为健康、和谐、有序的状态，整体可持续发展能力较强
5	高级	经济社会发展水平很高，资源消耗达到最优化；生态修复与生态补偿能力很强；民族特色与历史文化丰富，人文素养很高；法律规章、政策条文非常健全、完善。总之，整个系统处于健康、和谐、有序的状态，整体可持续发展能力很强

（三）建立评价因素的隶属度矩阵 $R = [R_1, R_2, \cdots, R_m]^T$，$R_i$ 为 x_i 所对应隶属度

依据模糊隶属度理论，在模糊数学中常把某事物隶属于某一标准的程度，用 $[0,1]$ 区间内的一个实数来表示，"0"表示完全不隶属，"1"表示完全隶属，而模糊隶属度就是描述从隶属到不隶属这一渐变过程的。其中，隶属度的计算极为关键，其计算公式对正向状态和逆向状态有所不同。

1. 正向状态相对隶属度的计算公式

以第 i 个状态 x_i 为例，s_{ij} 为第 i 个状态的 j 级评价标准，当第 i 个状态 x_i 的实际值小于其对应的第 1 级（低级）标准时，它对"低级"的隶属度为 1，而对其他发展程度的隶属度为 0。即当 $x_i < s_{ij}$ 时，$r_{i1} = 1$，$r_{i2} = r_{i3} = r_{i4} = r_{i5} = 0$，其中 r_{ij} 为第 i 个状态 x_i 对应于评价集中第 j 个等级 v_j 的相对隶属度。

当 $s_{ij} \leqslant x_i \leqslant s_{ij+1}$ 时，$r_{ij+1} = \dfrac{x_i - s_{ij}}{s_{ij+1} - s_{ij}}$，$r_{ij} = 1 - r_{ij+1}$。其中，$i = 1, 2, \cdots, m$；$j = 1, 2, \cdots, n$。

当第 i 个状态 x_i 的实际值大于其对应的第 5 级（高级）标准时，它对"高级"的隶属度为 1，而对其他发展程度的隶属度为 0。即当 $x_i > s_{ij}$ 时，$r_{i5} = 1$，$r_{i1} = r_{i2} = r_{i3} = r_{i4} = 0$。

2. 逆向状态相对隶属度的计算公式

当 $x_i > s_{ij}$ 时，$r_{i1} = 1$，$r_{i2} = r_{i3} = r_{i4} = r_{i5} = 0$；

当 $s_{ij} \leqslant x_i \leqslant s_{ij+1}$ 时，$r_{ij+1} = \dfrac{s_{ij} - x_i}{s_{ij} - s_{ij+1}}$，$r_{ij} = 1 - r_{ij+1}$；

当 $x_i < s_{ij}$ 时，$r_{i5} = 1$，$r_{i1} = r_{i2} = r_{i3} = r_{i4} = 0$。

在得到了各状态的相对隶属度之后，就可以建立模糊矩阵 R，$R = \begin{bmatrix} r_{11} & r_{12} & \cdots & r_{1n} \\ r_{21} & r_{22} & \cdots & r_{2n} \\ \cdots & \cdots & \cdots & \cdots \\ r_{m1} & r_{m2} & \cdots & r_{mn} \end{bmatrix}$。其中，$r_{i1} + r_{i2} + \cdots + r_{in} = 1$，$i = 1, 2, \cdots, m$；$j = 1, 2, \cdots, n$。

（四）构造评价因素权重集 $W = \{w_1, w_2, \cdots, w_m\}$，$w_i$ 为第 i 个状态 x_i 的权重

本研究中，各状态的权重结果已在第四章中求得。该权重既减少了不

合理的人为干扰，又比较符合客观事实，能够满足分析研究的需要。我们基于该权重集可以达到对贵州生态文明发展现状进行如实评价的目的。

（五）建立模糊综合评价模型

首先，求得模糊综合评价集。根据指标体系的建立原则，模糊综合评价集为 $B = W \circ R$。在本研究中，$W = \{w_1, w_2, w_3, w_4\}$，$w_i$ 为第 i 个系统 x_i 所对应的权重。因此：

$$B = W \circ R = (w_1, w_2, w_3, w_4) \begin{bmatrix} r_{11} & r_{12} & \cdots & r_{15} \\ r_{21} & r_{22} & \cdots & r_{25} \\ \cdots & \cdots & \cdots & \cdots \\ r_{41} & r_{42} & \cdots & r_{45} \end{bmatrix} = (b_1, b_2, \cdots, b_5),$$

也即 $b_j = \sum_{i=1}^{4} w_i r_{ij}$，其中 b_j 为隶属于第 j 等级的隶属度。

其次，对模糊综合评价集进行归一化处理，得到模糊综合评价模型，也就是：

$$B = (B_1, B_2, \cdots, B_5) = \left(\frac{b_1}{\sum b}, \frac{b_2}{\sum b}, \cdots, \frac{b_5}{\sum b} \right)。$$

（六）结果评价

依据评分原则将评价集定量化，并划分等级，参照以往的学术成果，并结合贵州生态文明的现实情形，我们将其量化为 $V = \{v_1, v_2, v_3, v_4, v_5\} = \{2, 3, 5, 8, 9\}$。然后，对评价指标加权求和，进而得出研究结论。本研究中，通过咨询相关专家，我们对5个评价等级进行了量化，具体量化结果如表5-2所示。

表5-2　　　　　　　　　贵州生态文明发展进程等级

评价值	发展程度等级
2.0—3.0	低级
3.0—5.0	初级
5.0—7.0	中级
7.0—8.0	较高级
8.0—9.0	高级

三　贵州生态文明发展现状的实证分析

（一）数据来源

我们采用问卷调查来获取实验数据，调查状况与第四章中的实证调查情况相同。选取对贵州生态文明状况较为熟悉和了解的政府人员、国家机关人员和事业单位人员作为调查研究对象，运用纸质问卷来实施调查。在调查过程中，总共派出 3 名调查人员进行问卷的发放与收回，基于对被调查者作答疑问解释的考虑，问卷发放采取当场发放、当场收回的形式，调查过程中调查人员一直在调查现场，在一定程度上保证了问卷的质量。本次调查总共发放问卷 230 份，最终收回问卷 228 份，问卷回收率为 99.1%。

在进行统计分析之前，首先须对获取问卷进行初步筛选。基于作答结果是否存在明显作假或大范围重复作答的原则，我们对调查数据进行了删除，最终获取有效问卷数量 152 份。调查被试的基本状况如表 5 - 3 所示，所得数据的描述性统计结果如表 5 - 4 所示。

表 5 - 3　　　　　　　　　　被调查者的基本属性

被调查者特征	类别	数量	所占比例（%）
性别	男	84	55.3
	女	68	44.7
年龄	30 岁及以下	5	3.3
	31—40 岁	31	20.4
	41—50 岁	92	60.5
	51 岁及以上	24	15.8

表 5 - 4　　　　　　　　　　调查统计结果

系统层	状态层	评价人数分布					评价结果均值
		低级	初级	中级	较高级	高级	
生态经济	产业结构	13	45	55	30	9	2.85
	绿色消费	15	47	51	32	7	2.80
	经济增长	9	29	59	42	13	3.14

系统层	状态层	评价人数分布					评价结果均值
		低级	初级	中级	较高级	高级	
生态安全	生态修复	6	42	63	29	12	2.99
	生态补偿	14	51	55	25	7	2.74
生态文化	民族特色	3	17	52	54	26	3.55
	人文素养	13	41	64	23	11	2.86
	历史文化	3	32	58	44	15	3.24
生态法规	经济法规调试	10	42	74	23	3	2.78
	环境法规调试	11	34	77	25	5	2.86
	社会法规调试	11	40	69	26	6	2.84

(二) 统计分析

依据贵州生态文明指标体系,研究选定了四个评价对象子集,分别为:

$X_1 = \{x_{11}, x_{12}, x_{13}\} = \{$产业结构,绿色消费,经济增长$\}$; $X_2 = \{x_{21}, x_{22}\} = \{$生态修复,生态补偿$\}$; $X_3 = \{x_{31}, x_{32}, x_{33}\} = \{$民族特色,人文素养,历史文化$\}$; $X_4 = \{x_{41}, x_{42}, x_{43}\} = \{$经济法规调试,环境法规调试,社会法规调试$\}$。

贵州生态文明的评价集为 $V = \{v_1, v_2, v_3, v_4, v_5\} = \{$低级,初级,中级,较高级,高级$\}$。

根据评价集的划分,对四个评价对象进行相应隶属度矩阵的计算,结果如下:

$$R_1 = \begin{bmatrix} 0.086 & 0.296 & 0.362 & 0.197 & 0.059 \\ 0.099 & 0.309 & 0.335 & 0.211 & 0.046 \\ 0.059 & 0.191 & 0.388 & 0.276 & 0.086 \end{bmatrix};$$

$$R_2 = \begin{bmatrix} 0.039 & 0.276 & 0.415 & 0.191 & 0.079 \\ 0.092 & 0.336 & 0.362 & 0.164 & 0.046 \end{bmatrix};$$

$$R_3 = \begin{bmatrix} 0.020 & 0.112 & 0.342 & 0.355 & 0.171 \\ 0.086 & 0.270 & 0.421 & 0.151 & 0.072 \\ 0.020 & 0.210 & 0.382 & 0.289 & 0.099 \end{bmatrix};$$

$$R_4 = \begin{bmatrix} 0.066 & 0.276 & 0.487 & 0.151 & 0.020 \\ 0.072 & 0.224 & 0.507 & 0.164 & 0.033 \\ 0.072 & 0.263 & 0.454 & 0.171 & 0.040 \end{bmatrix}.$$

所得的最终模糊矩阵为：$R = \begin{bmatrix} 0.086 & 0.296 & 0.362 & 0.197 & 0.059 \\ 0.099 & 0.309 & 0.335 & 0.211 & 0.046 \\ 0.059 & 0.191 & 0.388 & 0.276 & 0.086 \\ 0.039 & 0.276 & 0.415 & 0.191 & 0.079 \\ 0.092 & 0.336 & 0.362 & 0.164 & 0.046 \\ 0.020 & 0.112 & 0.342 & 0.355 & 0.171 \\ 0.086 & 0.270 & 0.421 & 0.151 & 0.072 \\ 0.020 & 0.210 & 0.382 & 0.289 & 0.099 \\ 0.066 & 0.276 & 0.487 & 0.151 & 0.020 \\ 0.072 & 0.224 & 0.507 & 0.164 & 0.033 \\ 0.072 & 0.263 & 0.454 & 0.171 & 0.040 \end{bmatrix}.$

根据第四章计算的权重结果，指标体系中各系统的权重为：$W = \{w_1, w_2, w_3, w_4\} = \{$生态经济，生态安全，生态文化，生态法规$\} = \{0.190, 0.402, 0.219, 0.189\}$。

各状态的权重为：

$W_1 = \{w_{11}, w_{12}, w_{13}\} = \{$产业结构，绿色消费，经济增长$\} = \{0.290, 0.409, 0.301\}$；

$W_2 = \{w_{21}, w_{22}\} = \{$生态修复，生态补偿$\} = \{0.524, 0.476\}$；

$W_3 = \{w_{31}, w_{32}, w_{33}\} = \{$民族特色，人文素养，历史文化$\} = \{0.274, 0.434, 0.292\}$；

$W_4 = \{w_{41}, w_{42}, w_{43}\} = \{$经济法规调试，环境法规调试，社会法规调试$\} = \{0.437, 0.295, 0.268\}$。

然后，计算各评价对象的模糊综合评价集，所得结果如下：

$b_1 = W_1 \circ R_1 = \{0.083, 0.270, 0.359, 0.226, 0.062\}$；

$b_2 = W_2 \circ R_2 = \{0.064, 0.305, 0.390, 0.178, 0.063\}$；

$b_3 = W_3 \circ R_3 = \{0.049, 0.209, 0.388, 0.247, 0.107\}$；

$b_4 = W_4 \circ R_4 = \{0.069, 0.257, 0.484, 0.161, 0.029\}$。

模糊矩阵为 $B = \begin{bmatrix} b_1 \\ b_2 \\ b_3 \\ b_4 \end{bmatrix} = \begin{bmatrix} 0.083 & 0.270 & 0.359 & 0.226 & 0.062 \\ 0.064 & 0.305 & 0.390 & 0.178 & 0.063 \\ 0.049 & 0.209 & 0.388 & 0.247 & 0.107 \\ 0.069 & 0.257 & 0.484 & 0.161 & 0.029 \end{bmatrix}$，对其进

行归一化处理，得到模糊综合评价模型 $B = \{B_1, B_2, B_3, B_4, B_5\} = \{0.066, 0.260, 0.405, 0.204, 0.065\}$。

　　根据量化标准，现阶段贵州生态文明发展程度的综合评价值为5.154，由表5-2可以得知，其发展综合评价等级为中级。从发展所处的等级来看，贵州总体的生态文明水平并不乐观，许多方面有待改善与提高。

　　指标体系中各子系统的综合评价结果如表5-5所示。结果表明四个子系统的发展状况并不理想，其中生态安全与生态法规更是处于初级发展水平。依据模糊矩阵中的隶属度，发现生态补偿与经济法规调试这两个状态在较高级与高级水平上所占的比例很低，说明今后应着重改善并大力提高其发展水平现状，努力为贵州生态文明的发展提供相应的安全支持与法律保障。

表5-5　　　　　　　　　　贵州生态文明模糊综合评价结果

系统层	综合评价值	发展程度等级
生态经济	5.14	中级
生态安全	4.98	初级
生态文化	5.60	中级
生态法规	4.88	初级

第二节　贵州生态文明协调程度评价

　　在协同理论中，协调程度是指系统之间或系统要素之间在发展过程中的和谐一致程度，它能够决定系统在达到临界区域时的走向顺序与所处结构。通过对协调程度进行分析，可以描述贵州生态文明系统内部各要素或子系统间协调状况的好坏，以便从宏观上把握该系统由无序走向有序的趋势。基于协同理论视角，通过建立相应的协调度模型、协调发展度模型、

协调发展动态指数模型来对系统及子系统之间的协调程度进行分析，以便从整体上对贵州生态文明系统进行全方位的动态评价。

一　函数构造与模型选取

（一）功效函数

功效函数是衡量每个指标或每个系统对其指标体系所产生的贡献程度，测量其在指标体系中所发挥的功能效应。

设贵州生态文明系统的子系统为 S_i，其中 $i \in [1, k]$，本研究中，各子系统分别为生态经济、生态安全、生态文化和生态法规，因此 $k = 4$。设每个子系统的序参变量为 e_i，$e_i = (e_{i1}, e_{i2}, \cdots, e_{im})$。依据协同理论，系统处于稳定状态时，状态方程为线性；慢弛豫变量在系统稳定状态时也有量的变化，这种量的变化对系统有序度有两种功效：一是正功效，即慢弛豫变量增大，系统有序趋势增加；另一种是负功效，也就是随着慢弛豫变量的增大，系统有序趋势减少。指标变量对系统有序的功效可用线性功效函数来表示，具体公式如下：

$$\text{当 } u_i(e_{im}) \text{ 为正功效时}, \ u_i(e_{im}) = \begin{cases} 1, & e_{im} \geqslant \alpha_{im} \\ \dfrac{e_{im} - \beta_{im}}{\alpha_{im} - \beta_{im}}, & \beta_{im} < e_{im} < \alpha_{im} \ ; \\ 0, & e_{im} \leqslant \beta_{im} \end{cases}$$

$$\text{当 } u_i(e_{im}) \text{ 为负功效时}, \ u_i(e_{im}) = \begin{cases} 1, & e_{im} \leqslant \alpha_{im} \\ \dfrac{\beta_{im} - e_{im}}{\beta_{im} - \alpha_{im}}, & \alpha_{im} < e_{im} < \beta_{im} \ 。 \\ 0, & e_{im} \geqslant \beta_{im} \end{cases}$$

其中，α_{im} 与 β_{im} 分别为系统稳定临界点上序参变量的上、下限值，在本研究中我们选取 2006 年各指标的实际值作为序参变量的下限值，指标上限值为近年来贵州生态文明的总体规划值或期望值。$u_i(e_{im})$ 表示系统 S_i 序参变量为 e_i 时的有序度，$u_i(e_{im}) \in [0, 1]$，其值越大表示 e_i 对系统有序的贡献越大，即功效越大。

然后，运用公式 $F = \sum\limits_{i=1}^{n} w_i \times u_i(e_i)$ 来求得各子系统的综合评价指数。其中，F 即为各子系统的综合评价指数值；w_i 为各系统中相应指标的权重值；$u_i(e_r)$ 则是评判要素的有序功效。将所得数据带入评价矩阵，可以得出衡量生态文明各子系统的建设程度评价值，该值范围为 $[0,1]$。

（二）协调度

协调度是反映各个子系统间协调程度的一个重要指标，用于度量某一发展阶段或同一时期不同系统间生态文明的协调状况，对促进生态经济、生态安全、生态文化、生态法规四个方面健康、协调地发展具有十分重要的意义。

本研究中，设 $f(x)$、$g(y)$ 分别为生态经济、生态安全、生态文化、生态法规四个子系统中任意两个子系统的综合评价指数。由于协调是两种或两种以上子系统或子系统要素间一种良性的相互关联，是子系统之间或子系统内部要素之间配合得当、和谐一致、良性循环的关系，所以实际操作时应使 $f(x)$ 与 $g(y)$ 的离差最小，用离差系数 C 表示为：

$$C = \frac{S}{\frac{1}{2} \times [f(x)+g(y)]} = \sqrt{2\left\{1 - \frac{f(x)g(y)}{\left[\frac{f(x)+g(y)}{2}\right]^2}\right\}}。$$

由于 $f(x) \geqslant 0$ 且 $g(y) \geqslant 0$，因此当 $C \rightarrow 0$ 时表示该两个系统间的协调程度越高。通过上面公式可知，$C \rightarrow 0$ 的充要条件为：$C' = \dfrac{f(x)g(y)}{\left[\dfrac{f(x)+g(y)}{2}\right]^2}$

$\rightarrow 1$，为了使所计算的协调度具有一定的层次性，在实际计算时我们采用

公式：$C = \left(\dfrac{f(x)g(y)}{\left[\dfrac{f(x)+g(y)}{2}\right]^2}\right)^k$。

在这里，C 为某时刻 t 的协调度，故也可记为 $C(t)$，其中 $0 \leqslant C(t) \leqslant 1$；$k(k \geqslant 2)$ 为调节系数，用来反映在各个子系统发展水平一定的条件下，为使两者综合协调度达到最大而对其进行组合协调的数量等级，在本研究中我们取 $k = 2$。$C(t)$ 值越大，$f(x)$ 与 $g(y)$ 的离差越小，说明两个子系统间的协调程度越高，$C(t) = 1$ 时则表明两个子系统处于最佳协调状态；反之，$C(t)$ 值越小，则两个子系统越不协调。

（三）协调发展度

协调发展是一种强调整体性、综合性和内生性的聚合发展，协调度 $C(t)$ 虽然能够反映子系统在时刻 t 的协调程度，但不能反映系统的整体功

能或综合发展水平。因此，将协调度与系统发展水平综合起来以研究系统整体的协调发展水平，该水平由协调发展度 $D(t)$ 来进行度量。

协调发展度 $D(t)$ 不仅注重系统中每个子系统的单独发展，更强调多个子系统在和谐一致、良性循环基础上的综合发展。通过该指标，不但能够有效掌握整个系统的运动方向，而且可以运用子系统间的协调来对系统的行为趋势进行有效的约束与控制。

协调发展度 $D(t)$ 的计算公式为：$D(t) = \sqrt{C(t) \times [\alpha f(x) + \beta g(y)]}$。其中，$D(t)$ 为两两子系统的协调发展度，$C(t)$ 为两两子系统的协调系数，$\alpha f(x) + \beta g(y)$ 为生态经济、生态安全、生态文化和生态法规中任意两个子系统的发展水平指数且 $\alpha f(x) + \beta g(y) \in [0,1]$，$D(t) \in [0,1]$；$\alpha$ 与 β 均为各子系统的权重且 $\alpha + \beta = 1$。协调发展度从定量上表征了系统整体的发展协调一致程度，$D(t)$ 越大表明系统间的发展一致性程度越高；反之，$D(t)$ 越小，说明系统间的发展一致性程度越低，此时则需要对系统整体的运行状况进行必要的控制。

贵州生态文明综合协调发展度的计算公式为：

$$D(t) = \sum_{i=1}^{6} \frac{D_i(t)}{6}$$，即对贵州生态文明两两子系统的协调发展度进行加权平均。参考国内外协调发展的评价标准，并结合贵州生态文明建设的实际情况，将该地区生态文明系统协调类型划分为两大类，具体划分状况如表 5 – 6 所示。

协调发展度模型虽然简单，但其综合了协调状况以及发展水平两个方面的信息，因而具有简便、综合的特点。与协调度模型相比，它具有更高的稳定性及更广的适用范围，可用于对贵州生态文明不同时期的生态经济、生态安全、生态文化及生态法规四个子系统间协调发展状况的定量评价和比较。

（四）动态协调发展指数

子系统的协调发展是一个不断变化的动态过程，$D(t)$ 只能静态地反映系统在某个时刻的协调发展程度，却无法反映系统的总体协调发展趋势。对此，我们采用系统协调发展动态指数 DSI 来对其进行准确的衡量与估计。协调发展动态指数 DSI 的计算公式如下：

表 5 - 6　　　　　　　　　　贵州生态文明子系统协调类型划分

类别	等级	协调度值
协调发展	优质协调发展	［0.9,1］
	良好协调发展	［0.8,0.9）
	中级协调发展	［0.7,0.8）
	初级协调发展	［0.6,0.7）
	勉强协调发展	［0.5,0.6）
不协调发展	轻度失调发展	［0.4,0.5）
	中度失调发展	［0.3,0.4）
	严重失调发展	［0.2,0.3）

$$DSI(t) = \frac{D(t)}{\left(\sum_{i=t_0}^{t-1} D(t)(t-t_0)\right)} 。$$

其中，$D(t)$ 为生态经济、生态安全、生态文化及生态法规四个子系统在 t 时刻的协调发展度，$\sum_{i=t_0}^{t-1} D(t)(t-t_0)$ 为子系统在基准时刻 t_0 到时刻 $t-1$ 这一时段的总体平均协调发展水平。若 $DSI(t) > 1$，说明贵州生态文明系统在 t_0 到 t 时段的总体协调发展水平处于增长趋势；若 $DSI(t) = 1$，说明系统在 t_0 到 t 时段的总体协调发展水平处于平稳趋势；若 $DSI(t) < 1$，说明系统在 t_0 到 t 时段的总体协调发展水平处于衰退趋势。

二　各子系统的协调发展分析

以 2006—2010 年贵州省相关数据作为基础，按协调发展程度评价的步骤分别计算各项指标的功效值、各子系统的协调发展指数、子系统间的协调发展度以及贵州生态文明系统的动态发展指数。我们运用 SPSS17.0 软件对个别年份中指标的缺失值进行了线性插值处理。

（一）贵州生态文明各子系统的指标功效值，结果如表5-7所示

表5-7　　　　　　　　　贵州生态文明各子系统的指标功效值

目标层	系统层	指标限值			各年份指标功效值				
		指标	下限	上限	2006	2007	2008	2009	2010
贵州生态文明	生态经济	C1	2005.4	7000	0.07	0.18	0.31	0.38	0.52
		C2	45.8	70	0.20	0.57	0.65	0.29	0.34
		C3	11.2	30	0.29	0.64	0.65	0.46	0.34
		C4	0.9	0.35	0.29	0.38	0.96	0.55	0.49
		C5	2.8	2	0.09	0.23	0.44	0.57	0.69
		C6	110	90	0.42	0.18	0.12	0.55	0.36
		C7	10	30	0.34	0.75	0.76	0.52	0.48
		C8	70	100	0.33	0.33	0.50	0.67	0.67
	生态安全	C9	21.1	80	0	0.13	0.17	0.35	0.91
		C10	393.4	650	0.26	0.22	0.28	0.66	0.68
		C11	34.1	60	0.07	0.13	0.22	0.44	0.65
		C12	136	110	0.22	0.45	0.48	0.60	0.79
		C13	26.7	50	0.20	0.25	0.38	0.56	0.80
		C14	34.9	45	0.50	0.50	0.50	0.50	0.56
		C15	613	750	0.66	0.66	0.66	0.66	0.74
		C16	105.8	450	0.12	0.33	0.54	0.71	0.76
		C17	1.2	2.5	0.15	0.38	0.15	0.46	0.53
		C18	4	6	0.13	0.12	0.22	0.33	0.67
	生态文化	C19	925.8	1000	0.51	0.62	0.17	0.17	0.95
		C20	3480	10000	0.07	0.19	0.36	0.55	0.9
		C21	91	300	0.53	0.67	0.78	0.88	0.92
		C22	11	25	0	0.04	0.06	0.53	0.64
		C23	5	10	0.70	0.54	0.12	0.26	0.30
		C24	10	15	0.74	0.68	0.24	0.54	0.50
		C25	4	8	0	0.5	0.5	0.75	0.75
		C26	7	12	0	0.40	0.40	0.40	0.40
		C27	27.6	60	0.14	0.48	0.37	0.38	0.69
	生态法规	C28	1627	6000	0.13	0.58	0.64	0.84	0.96
		C29	35485	15000	0.28	0.40	0.49	0.64	0.87
		C30	168	450	0.17	0.40	0.45	0.58	0.82
		C31	3245	1500	0.26	0.38	0.47	0.61	0.75
		C32	912	300	0.64	0.53	0.77	0.79	0.56
		C33	2956	4500	0.01	0.01	0.28	0.61	0.68

从上表贵州各年度分项指标的功效值可以看出,在生态经济子系统中,绝大部分指标的功效值都处于较低水平,且各年发展情况参差不齐,不符合指标逐年提高的规律,整体经济发展滞后的现象应得到相关部门的重视。生态安全子系统中的指标虽然从整体上讲发展态势较好,但各指标状况与期望值相比仍有不小差距,该子系统中的各项指标亟待大力提高,以便为贵州生态安全的可持续发展奠定良好的发展基础。在生态文化子系统中,民族特色中各指标的功效值很高,但人文素养与历史文化中指标的功效值均一般,说明这两个状态仍是今后着力提高的重点。生态法规子系统发展较好,从整体上看已达到较高级水平,实践中应保持这种发展态势,为其他子系统的发展提供法律支持与保障。

(二)贵州生态文明各子系统的综合评价指数,结果如表5-8、图5-1所示

表5-8 贵州生态文明各子系统的综合评价指数

子系统	不同年份各子系统的综合评价指数				
	2006	2007	2008	2009	2010
生态经济	0.266	0.395	0.533	0.528	0.513
生态安全	0.252	0.327	0.370	0.526	0.715
生态文化	0.258	0.443	0.319	0.474	0.643
生态法规	0.223	0.359	0.483	0.647	0.771

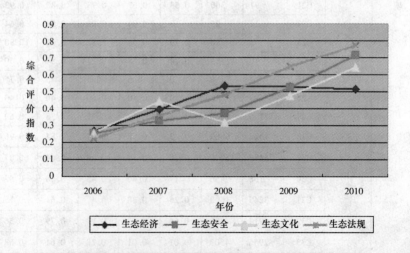

图5-1 贵州生态文明各子系统的综合评价指数

从表 5-8、图 5-1 中可以看出，贵州生态文明的生态安全子系统、生态法规子系统一直处于比较平稳的上升发展态势。生态文化子系统在经历了 2008 年的短暂衰退后，后续两年一直呈增长趋势。生态经济子系统在 2008 年达到了顶峰，随后两年稍有下降，但基本保持了稳定状态。通过结果我们可以判断出，贵州生态文明的四个子系统尚未完全处于相互促进、彼此同时平稳发展的态势，四个子系统间的相关性并不高。

（三）贵州生态文明各子系统的静态协调发展分析

根据贵州生态文明指标体系中各子系统所占的权重，我们首先确定两两子系统协调发展度 $D(t)$ 的相对权重，通过计算得到如表 5-9 所示的结果。不同年份两两子系统间的协调发展度如表 5-10 所示。

表 5-9　　　　　贵州生态文明两两子系统间的相对权重

两两子系统	α 值	β 值	两两子系统	α 值	β 值
$D_{1,2}(t)$	0.321	0.679	$D_{2,3}(t)$	0.647	0.353
$D_{1,3}(t)$	0.465	0.535	$D_{2,4}(t)$	0.680	0.320
$D_{1,4}(t)$	0.501	0.499	$D_{3,4}(t)$	0.537	0.463

表 5-10　　　　贵州生态文明两两子系统间的协调发展度

两两子系统	不同年份两两子系统间的协调发展度				
	2006	2007	2008	2009	2010
$C_{1,2}(t)$	0.998	0.982	0.936	1.000	0.947
$C_{1,3}(t)$	1.000	0.993	0.878	0.994	0.975
$C_{1,4}(t)$	0.985	0.995	0.995	0.980	0.921
$C_{2,3}(t)$	1.000	0.955	0.989	0.995	0.994
$C_{2,4}(t)$	0.993	0.996	0.965	0.979	0.997
$C_{3,4}(t)$	0.989	0.978	0.918	0.953	0.984
$D_{1,2}(t)$	0.506	0.585	0.629	0.726	0.785
$D_{1,3}(t)$	0.511	0.646	0.606	0.704	0.754
$D_{1,4}(t)$	0.491	0.612	0.711	0.759	0.769
$D_{2,3}(t)$	0.504	0.593	0.590	0.711	0.828
$D_{2,4}(t)$	0.491	0.580	0.626	0.744	0.855
$D_{3,4}(t)$	0.489	0.629	0.602	0.727	0.831
$D(t)$	0.499	0.608	0.627	0.729	0.804

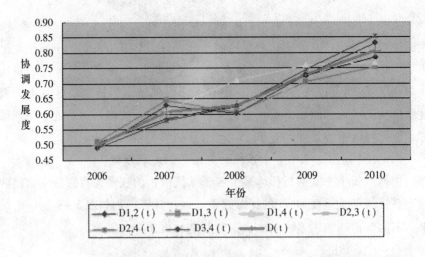

图5-2 贵州生态文明系统及各子系统的协调发展走势图

由表5-10、图5-2可以看出,贵州生态文明系统中生态经济、生态安全、生态文化和生态法规四个子系统的协调水平基本呈现平稳上升的趋势。结合表5-6列出的协调等级,发现四个子系统基本呈现从轻度失调向中级协调或良好协调发展的态势。在所考察的2006—2010年度区间内,贵州生态文明系统的协调发展度 $D(t)$ 最初表现为轻度失调发展,但随着其内部子系统的逐渐协调,系统整体的协调度水平也呈现出稳步上升的趋势,到2010年时其生态文明达到了良好协调发展的程度。

(四)贵州生态文明各子系统的动态协调发展分析

依据公式我们计算出系统各年度的动态协调发展指数,结果如表5-11所示。

表5-11   贵州生态文明系统各年度的动态协调发展指数

年份	2006	2007	2008	2009	2010
$DSI(t)$	—	1.218	1.133	1.261	1.306

从表5-11、图5-3中可以看出,贵州生态文明系统的动态协调发展指数在考察年度内一直处于大于1的状态,说明该地区的生态文明系统在2006—2010年这一时段的总体协调发展水平处于增长趋势,虽然2007—2008年的发展水平略有下降,但从整体来看其发展水平仍呈现出

平稳增长的上升态势。2010 年，由于系统整体步入了良好协调发展阶段，因而也使其在该年度的动态协调发展有了较大幅度的提高。

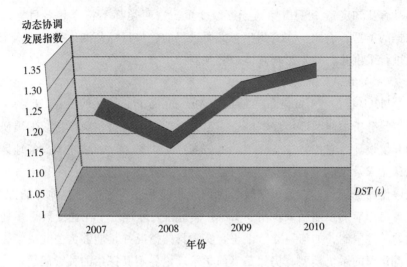

图 5 - 3　贵州生态文明系统的动态协调发展走势

第三节　贵州生态文明进程的目标预测

　　根据已构建的贵州生态文明指标体系，本书将贵州生态文明的实现目标分为生态经济、生态安全、生态文化和生态法规四个系统层，各系统层下相应设置了具体的测度指标项。通过选取 2006—2013 年《贵州统计年鉴》、《贵州工业经济统计年鉴》等有关统计数据，运用 LEAP 模型对相关数据进行拟合，并预测 2020 年前后贵州生态文明的实现进程，在此基础上，对不同系统层面的发展趋势情况进行简要分析。

一　趋势目标预测的研究方法选取

　　通常来说，趋势目标预测属于定量研究范畴，所选取的指标必须符合连续性变量的要求，一般年度之间数据不能有缺失。因此，本书采用时间序列预测法，运用二次指数平滑法的相关理论构建函数模型。需要说明的是，在已构建的贵州生态文明指标体系中，涉及生态经济层面的"产业总产值增长率"、"就业率"两项指标，涉及生态安全层面的"二氧化硫排放总量"、"工业废水排放达标量"、"天然林保护工程面积"、"退耕还林工程面积"四项指标,涉及生态文化层面的"非物质文化遗产申报数量"一项指标在已有统计年鉴中数据不连续;涉及生态文化层面的"城市品牌认知度"一项指标属于等级变量。这两类都不符合趋势目标预测数据的类型,因此,在贵州生态文明进程的趋势目标预测中将上述八个指标进行了剔除,但不影响总体趋势预测。

(一) LEAP 模型的基本介绍

LEAP 模型(Long-range Energy Alternative Planning System)是一个基于情景分析的能源环境经济综合模型,由瑞典斯德哥尔摩可持续发展研究所开发设计。它按照"资源"、"转换"、"需求"的顺序考虑某地区的能源需求及供应平衡情况,在对经济、产业或技术的重大演变提出各种关键假设的基础上,构想未来较长时期能源及其环境影响的各种可能方案,并得出相应的预测结果。由于 LEAP 模型在实际运用中往往受到许多地域性的条件限制,如何建立一个符合实际具体情况并且能够为公共决策提供有益建议的系统模型,仍然是当前学术理论界不断探索的关键问题。

(二) LEAP 模型的推广与运用

目前,已有许多学者运用 LEAP 模型进行研究,在世界范围内得到了推广和应用,但这些研究大都集中于相对微观的层面,还缺乏对生态指标的总体性预测研究。比如,对交通能耗、碳减排测算、温室气体排放预测、居住区能值等进行趋势预测。具体来说,美国的劳伦斯伯克利实验室采用 LEAP 模型分区域对世界的能源消费和二氧化碳排放进行了分析预测。南非能源研究中心(ERC)采用 LEAP 模型从人口、家庭规模、经济增长等因素出发,分析了开普敦市 2000—2020 年的能源需求情况。印度Tala 能源研究所采用 LEAP 模型对德里市的交通能耗和由此引起的环境污染进行了分析。同时也应看到,LEAP 模型在我国也得到了较为广泛的应用。比如,清华大学王灿等采用 LEAP 模型针对电力和水泥等五行业不同节能政策情景的二氧化碳减排潜力进行了分析。朱松丽、姜克隽等采用LEAP 模型对北京城市交通能源需求和污染物排放进行了分析预测。黄成等采用 LEAP 模型对上海交通能耗进行了趋势目标预测,在此基础上又对上海总体大气污染和二氧化碳排放情况进行了分析。

由此可见,这个模型可以用来对贵州生态文明发展趋势进行预测,所涉及的四个层面的指标数据也符合模型适用要求。因此,本书中关于贵州生态文明实现进程的目标预测采用 LEAP 模型，根据当前不同领域的指标数据和未来规划年度内的经济社会发展预期，利用 LEAP 模型中的不同政策选择与技术选择方式，设计一套不同发展情景下生态文明的实现模式。可以说，这种方法在贵州生态文明实践中的运用也具有重大的理论和现实意义。

二　LEAP 模型的运用及数据拟合

总体来说，影响贵州生态文明的因素主要有以下几个方面：生态经济、生态安全、生态文化和生态法规四个核心系统。以 LEAP2008 模型为计量工具，以 2012 年为基准年（2013 年部分数据缺失），选取 2006—2013 年的相关统计数据具体参见附录 2，利用 Excel 中的趋势预测/回归分析功能计算得到各因子的回归分析函数，有关计算结果如表 5－12 所示。

表 5－12　　　　　贵州生态文明指标体系各项因子的计算汇总表

目标	系统层	影响因子	线性回归分析函数
生态文明	生态经济	GDP（亿元）	$737.02X - 1E + 06$ $R^2 = 0.9594$
		第三产业 GDP 增长贡献率（%）	$-1.255X + 2572.8$ $R^2 = 0.2971$
		能源消费弹性系数	$-0.0508X + 102.7$ $R^2 = 0.2456$
		万元 GDP 能耗量（吨标准煤/万吨）	$-0.2752X + 554.93$ $R^2 = 0.7412$
		居民价格消费指数	$0.0283X + 46.256$ $R^2 = 0.0008$
		人均 GDP（元）	$2172.6X - 4E + 06$ $R^2 = 0.962$
	生态安全	城市污水处理率（%）	$9.875X - 19787$ $R^2 = 0.9032$
		新增废气治理能力（万标立方米/小时）	$23.493X - 45899$ $R^2 = 0.0019$
		工业固体废物利用率（%）	$0.3383X + 719.44$ $R^2 = 0.0029$
		森林覆盖率（%）	$1.29X - 2550.3$ $R^2 = 0.7892$
		环保资金投入占 GDP 比重（%）	$-0.0983X + 199.02$ $R^2 = 0.2102$
		人均公共绿地面积（平方米/人）	$-0.1687X + 343.33$ $R^2 = 0.0624$
	生态文化	少数民族人口总数（万人）	$10.073X - 19287$ $R^2 = 0.0466$
		民族自治地方人均 GDP（元）	$591.92X - 1E + 06$ $R^2 = 0.1298$
		高等教育毛入学率（%）	$2.345X - 4693.3$ $R^2 = 0.9321$
		农村居民家庭文教娱乐支出比重（%）	$-0.4667X + 944.49$ $R^2 = 0.6032$
		城镇居民家庭文教娱乐支出比重（%）	$-0.0983X + 210.18$ $R^2 = 0.0592$
		国家级自然保护区个数（个）	$0.2333X - 460.21$ $R^2 = 0.525$
		来黔境外旅游人数（万人次）	$5.9482X - 11901$ $R^2 = 0.9128$

续表

目标	系统层	影响因子	线性回归分析函数
生态文明	生态法规	经济案件诉讼代理数量（件）	$121.45X - 240072$　$R^2 = 0.0226$
		经济合同公证数量（件）	$1968.3X + 4E + 06$　$R^2 = 0.1705$
		破坏社会主义市场经济秩序罪数量（件）	$3.9833X - 7726.5$　$R^2 = 0.0067$
		生产安全事故死亡人数（人）	$-257.72X + 519887$　$R^2 = 0.9908$
		行政诉讼代理数量（件）	$-58.4X + 117827$　$R^2 = 0.4422$
		妨碍社会管理秩序罪数量（件）	$5.5833X - 7765.7$　$R^2 = 9E - 05$

在 LEAP2008 模型中选择 GrowthAs 函数，该函数的计算原理如下公式所示，将确定的各因子相应的弹性系数输入后，即可获得 2016—2020 年贵州生态文明各项指标目标预测值。

$$CurrentValue(t) = \frac{CurrentValue(t-1) \times NameBranchValue(t)}{NameBranchValue(t-1)}$$

式中，$CurrentValue(t)$ 为现状值；$CurrentValue(t-1)$ 为上一年现状值；$NameBranchValue(t)$ 为预测年份值；$NameBranchValue(t-1)$ 为预测年限上一年值。通过设定模型中的驱动因素，预测到 2020 年贵州社会经济状况和不同的社会经济发展条件下，经济发展状况、资源能源利用、污染物排放、生态文化认同度等变化情况（如表 5－13 所示）。

表 5－13　　　　　　　　贵州生态文明各项指标目标预测值

目标	系统	指标	2016 年	2018 年	2020 年
生态文明	生态经济	GDP（亿元）	9338.66	11067.84	13482.77
		第三产业 GDP 增长贡献率（%）	46.5	48.3	52.7
		能源消费弹性系数	0.63	0.54	0.49
		万元 GDP 能耗量（吨标准煤/万吨）	1.324	1.089	0.946
		居民价格消费指数	103.6	103.1	104.11
		人均 GDP（元）	26179	29346	33542
	生态安全	城市污水处理率（%）	86.9	88.3	91.52
		新增废气治理能力（万标立方米/小时）	2033.45	1943.22	2156.73
		工业固体废物综合利用率（%）	62.3	69.7	73.45
		森林覆盖率（%）	49.5	50.3	51.2
		环保资金投入占 GDP 比重（%）	1.6	1.5	1.5
		人均公共绿地面积（平方米/人）	6.82	7.12	7.35

续表

目标	系统	指 标	2016 年	2018 年	2020 年
生态文明	生态文化	少数民族人口总数（万人）	804.33	795.42	789.54
		民族自治地方人均 GDP（元）	16247	18942	20951
		高等教育毛入学率（%）	29.3	31.2	32.5
		农村居民家庭文教娱乐支出比重（%）	6.32	5.91	5.43
		城镇居民家庭文教娱乐支出比重（%）	12.8	12.6	11.9
		国家级自然保护区个数（个）	9	9	9
		来黔境外旅游人数（万人次）	80.5	91.2	102.6
	生态法规	经济案件诉讼代理数量（件）	7128	8031	8415
		经济合同公证数量（件）	29317	35418	40961
		破坏社会主义市场经济秩序罪数量（件）	482	504	519
		生产安全事故死亡人数（人）	983	876	882
		行政诉讼代理数量（件）	592	486	432
		妨碍社会管理秩序罪数量（件）	5978	6631	7015

三　目标预测与发展趋势分析

根据以上各项因子的数据分析汇总，并按照生态经济、生态安全、生态文化、生态法规四个系统层的划分，我们分别对各项指标作出相关的趋势图，并对 2020 年前后贵州生态文明的发展趋势进行初步分析。

（一）生态经济层面目标预测

如图 5-4 所示，远景预期经济发展呈快速增长趋势，到 2020 年各项经济指标都显著增加。在全省 GDP 和居民收入增长中，全省生产总值和人均生产总值增加幅度较大，以 2012 年为基准年，到 2020 年全省预计 GDP 增长 1.68 倍，人均 GDP 增长 1.46 倍，与此同时，居民消费价格指数保持不变，因此，这个增长幅度的预测分析近乎不考虑价格波动情况，属于实际收入增长。

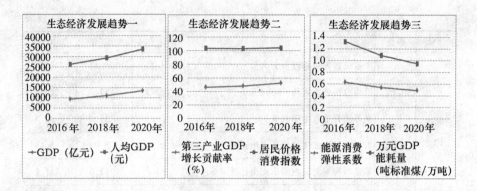

图 5 - 4　贵州生态经济层面的发展趋势

其中,变化趋势比较明显的是万元 GDP 能耗量,在未来 10 年内将处于逐渐降低的趋势,能源消费弹性系数虽然出现波动,但是整体还是朝着下降的趋势发展。第三产业 GDP 增长贡献率处于水平波动的状态,根据预测分析未来 10 年在发展经济过程中,由于技术水平的提高、政策制度的规范等主客观因素,能耗逐渐减少,生态经济呈现良性发展趋势。

（二）生态安全层面目标预测

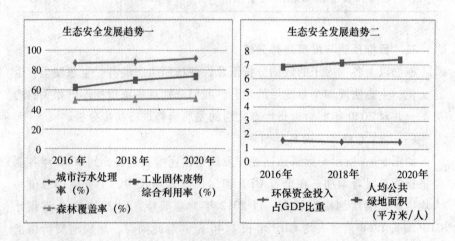

图 5 - 5　贵州生态安全层面的发展趋势

如图 5 - 5 所示,增长趋势比较明显的是城市污水处理率和工业固体废物综合利用率,这两方面主要集中于城市污水、废物等处理。随着贵州城镇化进程的加快，城市生活废水和废物处理所承担的数量和质量需求都大大增加，这也要求加强对城市"三废"的处理能力。增长趋势比较平缓的主要集中于人均公共绿地面积和环保资金投入占 GDP 的比重，这两部分增长幅度较低的主要原因在于在经济发展的过程中，房地产开发、工厂建设等需要占用大量的绿地面积，同时，相对于提高人民收入和医疗保险等保障福利的投入而言，对于环保的资金投入重视度不够，这也是环保资金占 GDP 的投入比重增加幅度较低的原因。

（三）生态文化层面目标预测

如图 5-6 所示，到 2020 年前后，贵州少数民族人口总数变化波动不大，但是人均 GDP 却得到了很大的发展。贵州是一个多民族省份，少数民族人口比重较高，少数民族族群种类也较多，在世世代代的繁衍生息中，少数民族文化传承中有着较为厚重的生态文化痕迹。比如，苗族、布依族等的"护寨树"很好地保持了当地的水土，侗族依河而居建造的榕树群生态群落实现了人与自然的和谐相处。少数民族的生态保护意识在贵州生态文化发展中居于较为重要的地位。可以预见，随着少数民族经济收入的提高，少数民族文化将会得到大大促进，与之相关的生态文化意识也将得以更加关注。

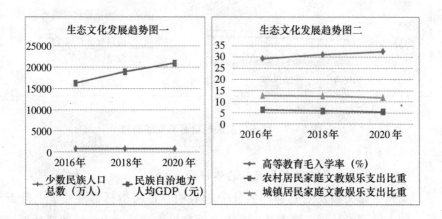

图 5-6 贵州生态文化层面的发展趋势

除了少数民族文化外，贵州的生态文化层面还需要考虑普遍的衡量指标，涉及教育、娱乐、旅游等方面。在未来几年的发展过程中，高等教育毛入学率的增长速度较快，城镇和农村居民文教娱乐支出比重增长相对迟缓，甚至有下降趋势，这需要引起相关部门的重视。

（四）生态法规层面目标预测

生态法规的研究主要从影响生态文明发展的法律法规制定数量和相关环境经济案件数量的角度进行分析，当然，这种预测不十分科学、准确，会受到其他相关因素的影响制约。如图 5－7 所示，涉及生态法规的各项指标的增加趋势不是很明显。这也从另一侧面表明，随着贵州各项法律条例的完善和规章制度的健全，以及公民法治意识的逐渐增强，违背法律规章的经济环境案件的数量将处于稳中趋缓状态，这种变化趋势也就不够明显。

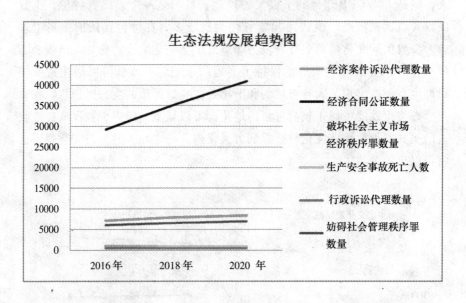

图 5－7　贵州生态法规层面的发展趋势

（五）贵州生态文明发展趋势总体评价

贵州生态文明发展趋势的实证分析表明，正向指标都是处于上升态势，约束性指标处于下降态势。生态文明建设中涉及民生领域的部分指标增速可能趋缓，生态安全领域的指标会有较大幅度增长。需要说明的是，运用 LEAP 模型预测的发展趋势是基于一定的目标值设定，也是假定在现有经济社会环境和有关政策法规保持不变的前提下的，虽然存在一定的机械性，但是，这种趋势预测也为科学把握贵州生态文明的发展状况提供了新的方式。

第四节　贵州生态文明建设的政策思考

对于贵州这样一个工业化、城镇化发展相对滞后的省份来讲，推进生态文明建设，必须把生态文明的理念、原则、目标等融入省委、省政府提出的坚持"加速发展、加快转型、推动跨越"主基调和重点实施工业强省、城镇化带动战略，推进农业现代化的全过程。要以生态文明为引领，在转变经济发展方式中实现绿色转型和包容性增长，在构筑贵州精神高地中体现民族特色和原生态文化，在改善民生和社会建设中实现改革发展成果共享。

一　加快经济发展方式转变，实现包容性增长

转变经济发展方式是提高经济增长质量和效益的重要内涵，也是生态文明建设的内在要求。生态经济发展最终就是要实现包容性增长，这种增长不以牺牲环境资源为代价，不以粗放型发展为模式，而是以低碳发展、绿色发展、循环发展为特点的增长模式，强调必须妥善处理"长期利益"与"短期利益"、"局部利益"与"全局利益"、"内部利益"与"外部利益"三对利益关系。

（一）实现低碳发展的生态文明

低碳发展正是贵州立足于自身最大的比较优势，实现跨越式可持续发展的有效途径。用低碳经济思路指导生态工业园区建设，实施城市工业空间转移和布局优化，合理规划工业园区总体布局、产业导向、功能区块。围绕原材料精深加工、生物资源和特色农产品精深加工，大力发展先进制造、生物医药等战略性新兴产业。逐步降低煤炭消费比例，改变以往过度依赖煤炭的现象，提高煤炭利用率，清洁高效地利用煤炭。建立环境权益交易市场，开展环保和排放的技术交易、二氧化硫排污权交易、碳排放交易等。

（二）实现绿色发展的生态文明

绿色发展是实现贵州三次产业向生态化方向发展的重要方向。把发展物流、金融、会展等现代服务业放在首要位置。大力发展新型材料、电子信息、节能环保等新兴产业，全力培育现代物流、现代商贸、信息科技服

务业。加快发展以生态旅游、绿色商贸为重点的生态服务业,提高经济发展的资源环境效率。加大对绿色技术的研发投入和绿色投资,发展绿色产业。发展清洁能源,利用垃圾等废弃物发电,确保物资的回收利用和能源的有效使用,解决大部分城市的供电不足。鼓励企业采用节能减排的技术设备,并予以相应政策支持。引导政府责任的绿色导向,转变"竭泽而渔"的发展思路,将生态发展的长期远景目标纳入到政绩考核中。

(三) 实现循环发展的生态文明

按照"规划引导、突出重点、示范推动、持续实施"的原则,完善全省循环经济工业基地规划编制,大力创新循环经济发展模式。把发展循环型产业园区经济作为推进新型工业化、转变发展方式的现实路径,以园区为载体,促进优势产业向园区集中、优势资源向优势产业集中,使产业链尽可能在园区内向两端延伸,构建大中小企业密切配合、专业分工与协作相对完善的产业体系。培育和发展废弃物再生利用,主要是废气、废水的循环利用、城市生活垃圾的分类回收,建立以能耗统计监测为突破口的循环经济评价指标体系。

二　推进"四化"同步战略,同步共建生态小康

党的十八大报告指出,要"促进工业化、信息化、城镇化、农业现代化同步发展"。对于贵州生态文明建设而言,推进"四化"同步战略是转变经济发展方式,同步共建生态小康的强大动力。具体而言,工业化创造市场供给;城镇化拉动社会需求;工业化、城镇化带动农业现代化;农业现代化为工业化、城镇化提供支撑和保障;信息化推进其他"三化"。坚持"加速发展、加快转型、推动跨越"主基调,就是促进贵州经济社会又好又快、更好更快发展的内在要求。

(一) 大力推进新型工业化

推进新型工业化与建设生态文明是有机统一的整体。要以生态文明理念引领工业发展对解决贵州发展中的突出矛盾,始终贯穿于工业发展的全部环节,切实解决资源开发与环境保护这一突出矛盾。要依托工业园区促进企业集聚、产业集群和资源集约利用,加快发展循环经济,提高工业整体效益,重点推进节能减排,坚决淘汰落后产能,加强环境污染综合治理。把大力推广低碳技术、发展生态工业、培育绿色经济作为战略支点,坚持在保护中开发、在开发中保护,融产业发展于生态文明建设之中。

（二）大力推进小城镇建设

按照统筹规划、合理布局、完善功能、以大带小的原则，坚持走有特色、集约型、生态化的山区城镇化道路，逐步缩小各地（州、市）的经济发展差距。要切实保护好山岭、河流、林地等自然景观及古建筑、老街巷、特色居民等人文景观，突出小城镇地域文化特色，着力打造一批各具特色、绿色低碳的小城镇。立足小城镇优势条件，合理开发利用资源，大力培育主导产业，不断延长产业链，构建小城镇产业发展支撑体系。加大小城镇建设投入力度，以路网改造为突破口，加快小城镇道路、供电、供气、污水处理、环境绿化、保障性住房等设施建设。依托丰富的旅游资源和多彩的民族文化、历史文化，大力实施旅游精品战略，加快建设文化旅游发展创新区。

（三）大力推进农业现代化

伴随新型工业化和小城镇化的深入推进，围绕农业稳定发展和农民持续增收的目标要求，坚持走山区特色的农业现代化道路。依托垂直气候明显、生态保存良好的优势，逐步发展茶叶、精品水果、中药材、核桃、蓝莓等特色经济作物。按照"产业集聚、资金集合、项目集中、效益集显"的原则，创建现代高效农业示范园区，发展具有比较优势的农产品加工，着力提升资源型产业精深加工水平。充分发挥农业生态功能，大力发展绿色农业、有机农业和循环农业，积极开展农业面源污染和畜禽养殖污染防治。

（四）大力推进信息化

加强科技创新体系和人才队伍建设，不断弥补信息化发展的技术和智力短板。坚持用信息技术改造提升传统产业，推动制造业信息技术集成应用，实现信息化与工业化深度融合，提升产业发展层次和水平。坚持用信息技术开展对生态环境的动态监控预警，增强应对生态危机的能力。坚持用信息技术为绿色生活方式和消费方式提供实现的可能，催生生态文明时代智慧、绿色、低碳、健康的新生产生活方式。

三　强化生态综合治理，巩固"两江"生态屏障

生态综合治理是贵州生态文明建设的重中之重，生态安全层面的权重达到 0.402，在整个生态文明指标体系中位居前列。这也决定着"两江"生态屏障是否安全、可靠。生态综合治理必须从区域层面统筹考虑,既要对已经污染的生态环境采取修复性保护,又要对原生态区域开展预防性保护。强化生态综合治理的关键还在于统筹区域生态与城市生态。

(一)重点生态保护工程的推进

贵州生态环境保护对于"两江"生态屏障具有重要意义。省委、省政府应该从防止水土流失、水利工程建设、退耕还林等方面加大对贵州脆弱生态环境的保护,重点推进石漠化治理、退耕还林还草、天然林保护、植树造林、封山育林和草地、湿地恢复保护等重大骨干生态工程建设,重点解决交通和水利两大制约生态文明发展的瓶颈。具体而言,可以结合国家支持贵州经济社会发展的政策性文件,积极开展与国家有关部委对接,积极争取国家层面的政策支持和资金扶持,探索生态补偿的新机制。要针对贵州生态区域特点,按照"鼓励开发、限制开发、禁止开发"的划分原则实行生态功能区治理。要针对贵州贫困地区和生态恶化地区相结合的区位特点,做好生态移民搬迁工作。要加强技术应用和推广,探索生物工程技术、膜分离技术、水渗透技术、遥感技术等在生态环境保护中的广泛运用。

(二)城市空气流域环境的整治

现代城市是公民生活的栖息地,同时也是环境污染的聚集地,城市生态环境保护不能忽视。目前的生态文明监测指标主要有 PM2.5 值、城市污水处理率、新增废气治理能力、工业固体废物综合利用率、二氧化硫排放总量、工业废水排放达标量等。因此,要从空气、流域两个层面加大城市环境治理。必须强化对空气质量、水质达标等级的动态监测,环境保护部门应该投入更多的监测设备、技术人员和配套资金,确保环境监测科学化,在环境指标设置上能够更加严格、细化。继续加大对排污企业的惩罚力度,特别是要对一些重污染企业实行整体搬迁,对企业的污水排放、尾气排放实现全面监控,对排放不达标企业要限期整改,甚至要关停并转。必须严格实行工程项目环评,对不符合环保政策的企业一律不审批,对达不到环境标准的项目一律不开动。切实加强对社会公众的监督教育,注重对小汽车尾气整治、城市居民垃圾回收和工业废水处理,提倡使用清洁能源和绿色技术,真正实现变废为宝。

四　加强生态法治建设，强化生态文明刚性约束

生态保护立法是贵州生态文明建设的制度保障，也是生态法治建设的主要内容，它与生态经济层面的权重基本相当，反映了生态法治建设对维护生态平衡、保护生态资源的重要意义。生态法治建设必须充分考虑贵州发展的省情，从社会政治、经济条件和生态环境实际出发，主要从生态环境保护和生态文明城市建设两个方面加强对相关法律条例的调试，重视地方政府依法行政。

（一）生态环境保护立法

要体现生态环境保护立法的层次性、类别性。比如，对于自然保护区和风景名胜区的立法要严格遵守；对于生态功能保护区管理应当迅速立法规范；要重视城市生态环境保护的立法，努力推动地级和省级生态示范区的建设。要健全地方生态环境保护法规和监管制度。比如，对已有的一些地方自然保护条例提升完善环境标准；对涉及空气、水质标准等相关规章条例进行修订，加大立法惩处力度。基于区域的立法，还要加大环境保护执法和监督的力度，积极推进地方政府依法行政。

（二）生态文明城市建设立法

规定生态文明城市建设的法律效力，保证生态文明城市建设中行政行为的制度化。通过把生态文明建设的各项活动纳入法制轨道，进一步明确相应的法律约束，防止发展目标随着地方政府行政首长的更迭而随意废弃变更。例如，贵阳市人大常委会通过《贵阳市促进生态文明建设条例》，以地方条例形式予以规范，突出生态文明城市建设的补偿机制，按照"谁开发谁保护、谁破坏谁恢复、谁受益谁补偿、谁排污谁付费"的原则，合理界定生态补偿的主体、对象、标准以及方式。强化生态文明城市建设的司法保障，保证环境审判机构和环境公益诉讼的制度化。贵州生态文明建设的地方性立法条例中，要着重规范环境审判机构的审判权力和基本职责，重点明确公民、社会组织等实施环境公益诉讼的基本程序、渠道等。

五　培育生态环保意识，带动公民综合素质提升

生态环保意识是公民综合素质的重要组成部分，也是提升贵州生态文明程度的内在动力，生态文化层面的权重达到 0.219，在整个生态文明指

标体系中处于第二位。人民群众不仅是生态文明的建设者,也是生态文明的受益者,通过文化的软性力量带动贵州生态文明建设,通过不同的文化宣传方式和手段实现生态观念的转变。

(一) 生态意识的理论教化

注重家庭对公民生态意识培育的启蒙作用,通过漫画书籍、动画片、故事讲解等多种方式积极引导孩子从小养成自觉保护环境的良好习惯。发挥学校对公民生态意识培育的主导作用,各级教育部门应将生态文明建设的战略思想及生态文明的理论与技术等内容贯穿于从小学到大学的教育过程中。例如,2009 年由北京大学生态文明研究中心和贵阳市教育局共同组织编写的《贵阳市生态文明城市建设读本》走入了贵阳的小学、初中和高中校园。强化社会对公民生态意识培育的引导作用,充分利用社区、社团、网络等各方面的教育资源,引导人们日常的生产、生活行为都要以维护大自然生态系统的平衡为标准。加强政府对生态环保的舆论宣传,通过广播、电视、互联网、报刊以及专家咨询活动等大众传媒,广泛普及环保知识。

(二) 生态意识的实践遵循

公民综合素质的提高具体表现在细小的社会基本单元——家庭,它是社会构成的基础部分,加强对家庭生态意识的实践遵循是最基础的工作,例如,在日常生活中家长应该率先做到节约用电,节约每一滴水,爱护花草树木,使用环保塑料袋,让孩子从小养成自觉保护环境的良好习惯;在家庭装饰设计中应该尽量做到节能低碳,倡导绿色产品,逐渐改变奢侈消费和浪费资源的行为。与此同时,各级领导干部、企业经营者要将执政理念、经营理念的转变具体落实在实际工作中,例如,日常行政办公中做到节约资源,提倡乘坐城市公共交通工具,特别是政府机关要压缩公务用车,精简不必要的形象景观工程。

(三) 公民环保责任的型塑

人民群众要把关注生态环境质量、关注生态环保工作、抵制生态环境污染当作义不容辞的责任;要把参与地方政府开展城市生态规划、调整生态产业结构、整顿城市生活环境以及塑造城市生态文化当作义不容辞的责任;要把监督当地企业开展环境污染整治、员工环保素质培养当作义不容辞的责任;要把融入社会组织开展环保公益志愿活动、传播生态文明城市精神当作义不容辞的责任。

（四）少数民族文化的认同

发展少数民族文化在生态文化方面的补充作用。在进行少数民族居住地城镇开发的过程中，要尊重少数民族文化习俗，对于少数民族文化尤其是与生态发展相关的文化特质，既鼓励少数民族群众的"自我认同"，也要实现非少数民族群体尤其是执政部门的"他者认同"。加大对贵州少数民族非物质文化遗产的传承保护，积极做好有关申遗的工作，保持贵州生态文明的原生态元素。

下篇：生态文明的城市价值

第六章 生态文明城市的理论基础与实践

城市是人类生产、生活和文明成果的集中体现，也是人居环境发展的高级形式。当前，我国城镇化水平已由改革开放初期的 19.72% 提高到 2013 年的 53.7%，与高收入国家平均水平相比，还有 20 多个百分点的差距。这是未来 10 年至 20 年城市发展的潜力所在，也是生态文明建设的推进方向。经济发展、社会繁荣和生态保护的交点在未来的城市，生态文明城市将成为 21 世纪生态文明建设和新型城镇化发展的主要方向。关于生态文明城市的有关理论内涵丰富，不仅涉及城市发展形态、城市管理模式，还涉及城市生态与可持续发展的不同理念，主要包括城市管理、城市生态等理论。与此同时，一些国家和地区也开始了生态文明城市的实践探索，积累了许多宝贵的发展经验，这些对于深入推进生态文明建设具有重要指导意义。

第一节 生态文明城市的理论基础

顺应生态文明时代的到来，一种崭新的城市发展理念和发展模式——生态文明城市应运而生。特别是在推进新型城镇化进程中，如何将生态文明建设的先进理念和实践贯穿于城市建设和发展的全过程，具有特别重要的意义。总体来看，生态文明城市涉及生产、生活方式和价值观念的变革，是在充分关注人的自身发展前提下对生产力与生产关系的再调整。

目前，虽然尚没有关于生态文明城市的统一明确的概念阐释，但与传统城市发展相比而言，具有一些明显特征，这些特征在一定程度上也有相应的理论缘起和实践基础。一是生态文明城市发展最终是实现人的全面发展。如何在城市可持续发展前提下实现自身发展是摆在我们面前的紧迫而重大的现实问题。二是生态文明城市发展更加强调生产效率、资源可持续获取、社会包容性。如何实现绿色治理是城市可持续发展的重要工具,这就涉及城市发展的动力机制与治理模式。三是生态文明城市发展的灵魂在于独特的文化底蕴,它是自然生态资源与人文历史的有机结合,具有不可复制性。生态文明城市建设主要涉及城市管理理论、城市生态学理论、生态系统理论和低碳经济理论。

一　城市管理有关理论回顾

西方城市管理理论发展大致经历了四个阶段:一是19世纪末至20世纪20年代末,城市管理侧重于城市空间形态,主要强调规划、设计的作用;二是20世纪30年代初至50年代,城市规划更加考虑人的因素,以及与之相关的城市交通、居住环境、社会生产,突出规划与管理的统一;三是20世纪五六十年代以来,得益于管理学界霍桑实验的成功,以人为本的城市管理理念开始成为主流思想;四是20世纪80年代后,伴随着可持续发展生态战略的出现,城市管理理论进入了发展成熟阶段。生态文明城市建设不仅需要在城市布局上寻求空间经济效益和生态效益的更好发挥,还应在城市人口管理和环境综合治理上寻求破解之策。

(一)城市空间形态规划与设计

"田园城市"理论、"带形城市"理论,以及巨型城市、线型城市、化整为零的城市理论,这些都是城市空间形态管理理论的重要构成。比如,英国学者霍华德从研究城市的最佳规模入手创造性地提出了花园城镇体系的设想,这一设想不仅对城市形态设计和人口规模作了简单的推测,而且将城市构造设计和建设理论推向了科学化的新高度。之后,西班牙工程师苏里亚·依·马泰提出了"带形城市"理论,与此同时还相继出现了以城市内部结构为中心的城市管理理论和区域规划理论,以芝加哥大学帕克和布吉斯等人为主要代表。他们的主要贡献是在区位结构研究基础上,提出了同心圆理论、扇形理论和多中心理论。

(二)城市规划考虑因素凸显多元性

20世纪30年代通过的雅典宪章确立了现代城市规划理论的基本原则。这一时期的城市管理已不再局限于城市空间形态的规划设计,开始从多学科融合的角度考虑城市规划管理,其中的以人为本原则、整体规划理念、将交通视为城市基本功能的思维一直影响着今天的城市规划和都市圈发展。因此，它是近代城市由单一规划理念向现代综合管理理念过渡的重要标志，雅典宪章不断细化了城市管理内容，增加了城市功能，逐渐将城市管理与社会生产、经济发展、科技进步等因素综合加以考虑。

（三）城市管理更加注重可持续性

大都市圈理论、多核心理论、公民参与城市治理城市理论，这些逐渐形成支撑城市管理的重要理论基础。比如，大都市圈理论突出核心城市的辐射带动作用，多核心理论突出几个核心功能中心聚集形成的外溢效应，二者都强调要通过不同形态的空间布局减轻中心城市的承载压力。伴随着生产要素的不断聚集，大量外来人口不断涌入城市，城市自身也在发展中持续性扩张，引起了许多环境污染问题。城市可持续性发展已经成为当下考虑的重点。因此，城市管理不仅要处理好新型城镇化推进过程中面临的土地、户籍、产业等问题，还要将生态环境治理作为重要抓手，逐步完善各类主体责任，真正统筹好经济发展、社会进步与生态改善之间的关系。

表 6 - 1 城市环境问题的类型及其致因与影响

类型	代表性问题	致因	主要影响	影响范围
类型 I 与贫困有关	安全用水普及率低、卫生设施短缺、水体的有机物污染	低水平的城市基础设施、快速的城市化、收入差距	与卫生有关的健康影响，如痢疾等传染病	城市局部
类型 II 与经济快速增长相关	空气污染和颗粒物、水污染、工业固废污染	快速工业化、较低的废物处理率、缺乏有效的管理	典型工业污染灾害，如水俣病、骨痛病等，区域生态系统恶化	城市和区域
类型 III 与富裕生活方式相关	温室气体排放、城市垃圾、生活化学污染	高消费生活方式、低水平的环境治理鼓励办法	全球变暖，化学物质引起的婴儿畸形，资源过度利用	区域和全球

以城市环境管理为例，我国学者陈宗团等在《城市环境管理经济方法——设计与实施》一书中将环境问题按照经济增长和社会分化的相关程度进行分类（如表 6 - 1 所示），将其作为"人化自然"的综合体，从城市环境管理内容上可以归纳为城市大气环境管理、城市生态环境管理以及城市卫生环境管理三个有机组成部分。在城市环境管理方法上，国内外学者并未形成一致性意见，综合国内外学者的观点，可以概括为经济手

段、法律手段、行政手段、技术手段、宣传教育等。

二 城市生态有关理论回顾

城市生态学是美国芝加哥学派创始人帕克于 1925 年提出的。它是以生态学理论为基础,应用生态学的方法研究以人为核心的城市生态系统的结构、功能、动态,以及系统内部各要素和系统与周围生态系统间相互作用的规律,并利用这些规律优化生态系统的结构,调节系统关系,提高物质转化和能量利用效率以及改善城市环境质量,进而实现结构合理、功能高效和关系协调的城市生态格局。从宏观上讲,城市生态学是对城市自然生态系统、经济生态系统、社会生态系统之间的关系进行研究,把城市作为以人为主体的人类生态系统来加以考察研究。

(一) 认识两类生态系统的差异

城市生态系统与自然生态系统的不同在于:其一,城市生态系统以人为主体,各类要素必须围绕实现人的全面发展进行有序流动;其二,城市生态系统具有容量大、流量大、密度大、运转快等特性,还具有高度的开放性,要充分认识不同要素在整个系统中的定位与角色;其三,城市生态系统具有多层次属性,各层次子系统内部又有相应的物质流、信息流,各层次之间有相互联系形成由物理网络、经济网络、社会网络、文化网络等组成的网络结构。

(二) 城市生态理论的发展变迁

古典人类生态学时期,生态学家用"社区"来描述由栖息者和居住者构成的生态体系,且一个社区包含组织性、群体共生性与资源竞争性这三个最基本的形式。帕克认为,生物层面和社会层面构成了人类的社区。"空间"成为这一时期理论界关注的焦点,比较有代表性的是伯吉斯的"同心圆"说、霍伊特的扇形说以及哈里斯与厄尔曼的核心说。新正统生态学时期,城市生态学理论逐渐发展并且日趋成熟起来,对城市社会学的发展影响久远,以霍利的生态学理论和邓肯的生态复合理论为代表。在以上理论框架的指导下,社会生态学家对范围更加广泛的城市社会现象展开了研究,这一时期受到了功能主义目的论、技术决定论等意识形态影响。文化生态学时期,更多地把"社区"看作是一个真正的社会体系,认为它只有在拥有足够的领土以满足社会各项目标和功能的需求时才能正常运转。通过具有各种不同的功能需求以维持社区的同一性。城市生态学时期，生态学家们才将目光集中在城市，以沃思和甘斯为代表。比如，沃思将城市的特征表述为：人口数量居住地的密度，居民以及群体生活的异质性，强调作为一种生活方式的城市性。

（三）城市发展中的生态诉求

一个和谐的城市生态系统必须具备良好的生产、消费和生态调节功能，具备自组织、自催化的竞争序主导城市的发展，通过自调节、自抑制的共存序保证城市生态的恒定。因此，城市生态系统的有序发展必须要有既符合经济规律又符合生态规律的法制、法规，行之有效的行政管理体制和机制，以及完善的监督体系。生态文明城市应该倡导人与人、人与自然之间的和谐，生态系统平衡稳定，追求社会效益、经济效益、生态效益的优化组合。

在生态城市建设过程中，要彻底摒弃传统的城市建设目标和方向，确定新的目标定位。传统的城市建设只求经济发展速度，而忽视经济增长的质量；只注重经济效益，而忽视社会效益和生态效益。在城市生态学理论的指导下，生态城市的建设应该倡导人与人之间的亲近、人与自然之间的和谐，追求生态效益、社会效益、经济效益三种效益的最佳组合。

（四）城市生态系统理论的新发展

1971 年，联合国教科文组织率先把城市与生态系统联系起来，提出应将城市、近郊和农村看作是一个复合系统，并以区域的视角，研究大范围内城市分布格局和城市问题，并把城市生态系统写入人与生物圈计划（MAB）的第 11 项专题。这意味着，城市本身既是一个系统，又是在一个更大系统内的组成部分，城市的成本与价值必须在更大的范围内才能得以完整体现。

1984 年，我国生态学者马世俊和王如松指出："城市生态系统是一个以人为中心的自然，经济与社会的复合人工生态系统"，并指出城市是典型的"社会—经济—自然"复合生态系统。之后，王如松等学者就城市生态学实质作了进一步阐述，并指出生态城市的建设必须满足人类生态学的满意原则、经济生态学的高效原则、自然生态学的和谐原则等。

黄光宇（2002）从生态经济学、生态社会学、城市环境生态学、城市规划学、地理空间的角度阐述了生态城市的含义。他认为，生态城市是根据生态学原理，综合研究"社会—经济—自然"复合生态系统，通过应用生态工程、社会工程、系统工程等现代科学与技术手段，建设一个能实现社会、经济、自然可持续发展，居民满意、经济高效、生态良性循环的人类居住环境。

三　绿色发展有关理论回顾

20 世纪 60 年代以来，伴随着西方发达国家绿色运动的兴起，绿色发展理念在经济理论界得到广泛普及。"绿色经济"一词是由皮尔斯在 1989 年出版的《绿色经济蓝图》一书中首先提出的。与之相关的涉及循环经济、低碳经济等理论。总体来说，绿色经济是一种生态与经济协调发展的可持续经济形态，试图打破人与自然以自然资源稀缺性为前提的冲突模式。联合国环境规划署将其定义为，在提高人类福祉和社会公平的同时，最大限度降低环境风险和生态稀缺性，即绿色经济是低碳、资源有效利用和包容共生的（UNEP，2010）。

（一）绿色发展的理论缘起

关于绿色发展转型的研究，最早可始于蕾切尔·卡逊的《寂寞的春天》和罗马俱乐部发表的《增长的极限》报告。但当时一直未引起足够的重视。生态环境的不断恶化逐渐催生了绿色发展理念，传统的单向开放式的线性经济发展方式似乎难以为继。与此同时，学术界也开始不断反思主流经济理论的生态缺陷。比如，Tim Jackson 和 Peter Victor（2011）认为，生产力价值标准化、规范性评估依赖适当的度量，古典经济理论和新古典经济理论忽视了生态要素的引入。它们在分析经济发展和增长中，只将物质资本、人力资本和技术知识作为稀缺的内生经济变量，而将环境和资源假定为不受经济发展影响的外生变量，类似碳排放、环境破坏、高物质资源消耗等问题也就不在增长理论的考虑范围内。在这样的经济增长模型框架下，自然不会产生对资源环境要素的度量，进而也忽视了它对经济社会发展的潜在影响，因为任何经济增长都离不开外部赖以存在的生态环境。

（二）绿色发展的研究范式

根据国务院发展研究中心张永生（2014）的有关研究总结，认为主要有四条研究路线。一是基于 Solow 模型宏观经济外生技术的绿色增长模型，将自然资源引入生产函数和效用函数。Dasgupta 和 Heal（1974）、Solow（1974）、Stiglitz（1974）等主流经济学家在增长模型中引入自然资源，强调如果自然资源的使用没有环境外部性，则市场会决定社会最优开发路线，但是如果资源是不可再生的，那么自然资源的最优开发就可能难以达到。之后，Krautkraemer（1985）在上述模型基础上进一步考虑了自然资源开发和使用的外部性。Hallegatte 等（2012）在增长模型中发展形成概念框架，表明绿色增长使得增长过程中资源使用效率更高、更清洁、更有弹性，而不会必然减缓经济增长。二是有绿色技术进步的内生增长模型，认为递增报酬来自内生的技术创新，而通过政府干预手段（碳交易税/研究补贴的组合）可以将私人投资导向绿色技术（Acemoglu 等，2012）。三是基于斯密的专业化和分工的绿色发展理论，主要关注分工如何向绿色发展方向演进。严格的环境政策约束，配合相应的制度创新，有可能使经济跳跃到一个更有竞争力的结构，从而出现高增长、低碳、环保和低特质资源消耗的发展路径（张永生，2014）。四是基于凯恩斯主义的绿色发展理论，主要侧重于凯恩斯主义主张的公共财政支出更多地投向绿色领域，包括提高能效、可再生能源、水质量改善、农业和土地管理、绿色交通出行、污染控制等项目（Jacobs，2012）。但是，这一研究路线谈不上是关于绿色发展理论的研究范式创新，仅是传统凯恩斯需求刺激理论在绿色发展领域的政策应用。

在对理论框架分析的基础上，社会各界对于绿色发展理念的认识也随之深化。从最初的经济发展、可持续发展到全面综合发展、绿色发展，发展的内涵不断得以充实，强调经济发展要体现资源获取的代际公平，更要转变思维方式和生产方式，充分依靠各类市场主体共同致力于绿色发展转型与创新。Carmen Lenuta（2013）认为，社会整体要认识到生态系统容量施加的限制，体制能够设定明确目标以确保绿色经济，唯有如此才能实现绿色转型。UNEP（2010）认为，实现绿色转型必须坚持三个原则：环保产业成为主流；可持续的经济活动；相关公共政策和机构障碍的认识和解决。关于绿色发展动力机制设计方面，需要公司、政府和个体三方参与，通常称为"转型三角"（SDC，2006）。

（三）低碳经济的发展新模式

由温室气体所引起的全球气候变暖进而导致的一系列严重的生态环境问题正严重威胁着人类的生存和发展。低碳经济被视作解决这一问题的有效方法之一，在国际社会越来越受到重视。我国学者付允（2008）指出，低碳经济是绿色发展的一种新模式，它是以低能耗、低污染、低排放和高效能、高效率、高效益为基础，以节能减排为发展方式、以碳中和技术为发展方法的绿色经济发展模式。

2003 年，英国政府在其发表的白皮书中第一次使用"低碳经济"的概念。白皮书中指出，低碳经济是在全球气候变暖背景之下产生的，低碳经济的核心特征是低碳排放。具体地说，低碳经济就是指在可持续发展理念下，通过制度创新、技术创新、新能源开发等手段，尽量地减少煤炭、石油等高碳能源消耗，同时尽可能减少温室气体排放，实现经济社会发展和生态环境保护双赢的经济发展形态。具体主要包括低碳能源系统、低碳技术和低碳产业体系等。由此引发了由莱斯特·布朗发起的关于"A、B经济发展模式"之争。其中，A 模式是一种传统的经济模式，依靠化石原料为基础，以牺牲环境为代价的经济发展模式；B 模式是一种现代的生态经济模式，坚持以人为本，充分利用风能、太阳能、地热资源、水能等可再生资源的发展方式。

2006 年，巴里·康芒纳指出，当前的环境危机，不在于经济增长的本身，而在于造成这种增长的技术。这种技术往往是从单一地追求经济效益，或从单一的消费使用目的出发发明的。它忽略了整体，忽略了技术赖以发展的基础—生态系统，从而破坏了不断循环的生态系统，进入了一种恶性的循环。要克服我们当前面对的危机，就要克服这种技术的局限，树立系统、整体生态学的观念。鲍健强（2010）认为，低碳经济是经济发展方式、能源消费方式，人类生活方式的一次新变革，它将全方位地改造建立在化石燃料基础上的现代工业文明，转向生态经济和生态文明。我国目前开展两型社会建设就是对低碳经济发展方式的很好的实践。

第二节　生态文明城市建设的国内实践

自 20 世纪 80 年代以来，我国一些城市就开始了生态文明的实践，天津、杭州、厦门、成都、重庆、贵阳、昆明等 20 多个城市先后提出"生态城市"、"低碳城市"、"健康城市"的施政理念。尽管当时在语言表述上未使用"生态文明"这一概念，但是生态文明城市的发展内涵却已存在，之后又不断完善。特别是党的十七大明确提出"建设生态文明"后，许多地方政府更加主动谋求在国家战略布局中的先行试点，通过大手笔的城市规划进行产业布局和资源配置，在节能减排、生态保护、循环经济等方面取得了积极进展。厦门市、安吉县、中新天津生态城在各自实践探索中积累了丰富经验，较好地体现出在不同区域、不同条件下生态文明城市建设的有益做法。

一　"国家级生态文明市"——厦门的实践探索

福建省厦门市是中国一个兼具工业、旅游、文化为一体的重要经济特区和对外开放窗口城市，素有"海上花园"的美称。改革开放以来，历届市委、市政府在推动厦门经济社会发展过程中都秉持"发展与保护并重、经济与环境双赢"的执政理念。特别是党的十六大以来，厦门市努力担当改革发展的"排头兵"、"试验田"，在推动经济社会又好又快发展的同时，认真探索符合厦门实际的发展路径和模式，在废物资源化、水资源阶梯利用、生态农业、循环经济试验区等方面做了大量试点示范工作，连续多年跻身全国生态环境排行榜前四名，成为近年来生态文明城市建设的典型案例。

（一）以生态文明理念规划城市发展

厦门市在城市规划中倡导生态文明理念并始终不渝长期坚持。2002年，厦门提出10年建成生态城市的宏伟目标，即坚持可持续发展作为海湾型城市建设和发展的唯一原则，将厦门市建设成生态效益型经济发达、城乡人居环境优美舒适、自然资源永续利用、生态文明的可持续发展的城市。具体分为初步启动、全面实施、稳步提高三个阶段，初步形成由厦门本岛和周边城市群组成的生态城市格局。在基本完成10年规划任务基础上，2013年，市委、市政府又制定了《"美丽厦门"战略规划》（以下简称《规划》）。《规划》中把生态文明建设放在突出位置，提出将厦门建设成为低碳生态岛的行动目标。主要内容包括：厦门市将向多中心组团转变，形成"一岛一带多中心"的城市空间格局；建设4条骨干轨道，实现城市骨架交通；打造10条山海通廊连接山海城；实现六个区域不同分工的城市功能布局；规划848公里绿道，编织美丽城市景观；建设多样化的城市花园，美化厦门居住环境；建设高品质慢行专用通道，打造"公交＋慢行"主导的城市绿色交通体系网，继续坚持公交优先战略，构建以"地铁＋旅游轻轨＋BRT"为骨架的公交体系，组织一体化换乘衔接系统。

通过优化交通基础设施结构、运输装备结构、运输组织结构和能源消费结构，着力发展绿色低碳交通运输体系，实现厦门市交通运输绿色、循环、低碳发展。为实现厦门市跨越发展，厦门市制定了发展"五大战役"，并将生态文明理念融入"战役"全过程，持续开展了让森林进城、上路、下乡、入村的"四绿工程"。截至 2013 年底，"四绿"工程已投入资金近 240 亿元，完成植树 4.4 亿株。

（二）以绿色转型发展为突破口

在循环经济试点方面，在全国率先出台《关于发展循环经济的决定》地方性法规，大力抓好"四个百家企业"专项行动，开展循环经济"五个百家"工程建设并在企业中推行有利于资源循环利用的产业链。鼓励排污企业开展废气、废水、固体废弃物的综合利用与链接技术。制定并实施了《厦门市推进清洁生产审核工作计划》和《厦门市清洁生产审核验收办法》，培育了一批循环经济试点示范企业。通过政府和企业的不断努力，厦门市近 200 家企（事）业单位通过了 ISO14001 环境管理体系认证；全市工业用水重复利用率达 94.26%，百余家工业企业污水实现循环利用零排放。

在清洁能源推广方面，厦门市认真贯彻 2013 年福建省出台的 18 项价格举措，充分利用价格杠杆调节油气资源，支持和鼓励发展新能源汽车。比如，以合理的价格调节 LNG 发电用气供应工业用户，鼓励高污染行业使用 LNG 技术；保持车用天然气与汽油的合理价比，按照与 90 号汽油最高零售价 0.75:1 的比价核定车用天然气价格。这些举措为厦门市绿色创建做出了积极成效，据权威部门统计，2012 年厦门全市空气质量优良率高达 100%，PM2.5 达标天数达 97.1%。特区建设 30 余年，全市生产总值从 7.4 亿元增长到 2535.8 亿元，城区面积扩展了 19 倍，常住人口增长了近 10 倍，而水中的化学需氧量浓度基本保持不变，而空气中的二氧化硫浓度则下降了一半以上。

在低碳环保方面，更加注重建筑的节能降耗。一是制定相关配套政策标准，包括《厦门市节约能源条例》、《厦门市低碳城市总体规划纲要》、《厦门市建筑节能设计指导意见》等。二是严格执行建筑节能法规制度，持续开展建筑节能专项检查工作，扎实推进新建建筑节能。三是推进可再生能源在建筑中的规模化应用，推广节能省地型建筑及绿色建筑，比如，积极申报全国可再生能源建筑应用示范和光电建筑应用示范项目，成立"厦门市绿色建筑与节能委员会"具体从事绿色建筑技术研究、技术交流咨询和开展绿色建筑标识认证工作。

（三）充分利用舆论的引导宣传

近年来，厦门市运用多种大众传媒渠道，在报刊、广播电视、户外展板等媒体上对生态文明建设进行了大量普及宣传。例如，开设"厦门市环境新闻奖"、坚持"绿色学校"创建工作、开展"小手牵大手"活动、建立环境教育基地。与此同时，还大胆引入环保舆论监督机制，通过各种舆论监督，对破坏生态环境的单位及个人进行批评、教育和必要的惩处。此外，还结合"国际海洋周"、"全国海洋宣传日"、"世界环境日"等开展形式多样的保护海洋、关爱海洋、合理开发海洋的活动，在全社会形成了良好的氛围，社会公众的海洋生态文明意识也得到了大幅度的提高。通过多渠道弘扬科学、先进的伦理道德，表彰优秀典型人物，营造有利于生态文明城市建设的良好舆论氛围和社会环境。

（四）以推动公众共同参与为抓手

厦门市充分发挥公众在生态文明城市建设过程中的监督作用。2004年起，市人大、市委宣传部、市环保局等单位联合发起"中华环保世纪行"活动。着力解决人民群众反映强烈的环保难题，调动广大群众参与生态文明城市建设的热情和积极性。致力于建立一套公众参与环境保护法律法规，先后制定"建设项目必须征求最受环境利益影响的 100 位公众意见"等相关规定。尊重支持厦门市环保类非政府组织和社会公众意见，并充分吸收纳入政策制定之中，扩大公众参与环境管理的范围和影响力。建立群众参与"美丽厦门"建设机制，搭建公众参与信息化平台，拓宽市民评审团、市民调查、公众论坛等参与渠道，充分调动全社会的智慧和力量共同打造"美丽厦门"。

二　"国家生态县升级版"——浙江安吉的实践探索

地处浙西山区的安吉县在 20 世纪 90 年代以前曾经是一个"污染大户"，"工业强县"战略虽然摘下了贫困的帽子，却由于大量工业废水、废气的排放造成了大面积的污染，被国务院列为太湖水污染治理重点区域。之后，安吉县委、县政府逐渐意识到传统发展模式逐渐暴露的问题弊端，从 2001 年起开始探索"生态立县"的发展道路。党的十六大以来，安吉县认真贯彻浙江省委、省政府关于实施可持续发展战略的统一部署，结合当地实际开展了以创建"四乡"、实施"大都市后花园"工程为依托，探索符合安吉县实际的生态强县发展道路。在 10 多年的生态文明建设实践中，安吉县先后荣获"国家级生态示范区"、"国家生态县"、"中国美丽乡村"等荣誉称号，逐渐成为全国县域生态文明发展的标杆，形成了"环境宜居一流、乡村美丽一流、百姓富裕一流、文化生态一流"等诸多优势。

（一）将生态文明理念内化于城市规划布局中

在生态文明理念的指引下，安吉县确立了大力推进生态县建设的总体思路，以"中国美丽乡村"建设为总载体，以县域大景区为共同愿景，以环境保护和资源永续利用为生态文明建设指标体系的核心，坚持城乡协同并进，实施环境资源化、资源经济化、经济生态化三大步骤，初步建立了环境优美、人与自然和谐、产业协调、发展潜力强劲、生态文化活跃的生态文明建设示范模式。在生态城市发展规划编制中，将保护生态环境、实现可持续发展作为城市发展目标，提出构建"优雅城市—风情小镇—美丽乡村"城镇村立体化发展格局。充分重视规划引领作用，邀请知名规划设计单位编制县域总体规划、城市总体设计等各类规划200余项，特别是加强对安吉山水城市空间格局、城市竹景观设计、城市夜景照明设计、城区综合交通、城市公共服务设施布点等专项规划编制，形成了横向到边、纵向到底的规划体系。

（二）将保护生态环境置于城市发展优先位置

一是编制《安吉县城乡环境保护发展规划》，健全和完善城乡一体的环保体系建设，确立了"环保优先"原则，拒绝引进有污染的项目。严格控制工业企业和民用设施温室气体排放，开展工业企业排污权交易。二是加强森林资源保护，充分发挥竹子速生和固碳功能。建设和开发7.2万公顷竹林，每年固碳约36.7万吨。实行生态公益林补偿机制，采取每公顷补助147美元的政策鼓励植树造林。三是加强水资源保护，集中建设污水处理设施，先后投入2000万美元用于县内主要河流水环境综合治理。开展农业面源污染治理，严格控制化肥农药使用，推广测土配方、秸秆还田、使用有机肥，清洁农业生产技术覆盖率达90%。四是加强大气污染防治，建立工业企业废气达标排放实时监测，重点治理城市扬尘、油烟废气、细微颗粒物和汽车尾气。改变过去以燃煤和柴草为主的能源获取方式，大力推广小水电、太阳能、沼气、天然气等清洁能源，城乡燃气普及率达到98%。

（三）将发展绿色经济作为增长的核心动力

生态文明建设必须在经济与生态两者之间找到结合点、寻求突破口。一是发展现代生态农业，实现农业经济的"整合、联合、融合"。大力推广种植绿色有机和无公害农产品，积极培育现代高效农业，构建立体化生态农业开发格局。二是发展绿色低碳工业，实现工业经济的"集中、集约、集聚"。推进企业集中入驻园区，引进特色机电、电子信息、生物医药、绿色食品等高技术产业形成集聚，推进土地、劳动力等要素资源集约化，重点关注"亩产出率"、"建筑容积率"、"开工投产率"等要素评价指标。三是积极发展生态循环经济，注重经济增长的"低耗、低排、高效"。建立绿色循环经济园区，同时抓好主要工业园区生态化改造，推进废弃物循环综合利用。大力发展生态休闲、健康养老等绿色产业，不断提高现代服务业的比重。

（四）依托媒介载体宣传生态文明理念

以"中国美丽乡村"为总载体，把安吉县作为一个大乡村来规划，把一个村当作一个景观来设计，将生态文明与文化旅游相结合。以"安吉生态文化节"为载体，大力弘扬安吉县竹文化、白茶文化、移民文化，突出生态文化与生态旅游、生态产业建设的新方法。通过丰富多样的文化宣传，安吉县将生态文明理念融入百姓生产、生活的各个环节。大力开展绿色饭店、绿色学校、绿色社区、绿色企业、生态村创建评比活动。安吉县还借助媒体，向世界各地广泛宣传安吉县的特色文化，如以竹为媒，与韩国著名的竹乡潭阳郡结成友好县郡，与法国竹园建立友好合作伙伴关系，与联合国教科文组织联合举办"尝试以竹为玩具"中国创意活动。

三　"国际合作新典范"——中新天津生态城的实践探索

中新天津生态城位于环渤海地区中心、京津城市发展轴的北侧、天津滨海新区内，是第一座国家间合作开发建设的生态城市，也是中国和新加坡两国政府继苏州工业园之后第二个合作建设项目。根据中新双方的协定，中新天津生态城将建成人与自然环境、人与经济发展、人与社会的有机融合、互惠共生的开放式复合生态系统，成为中国其他城市可持续发展的样板。未来的中新天津生态城将是一座不破坏环境的城市，一座节约资源能源的城市，一座具有可持续发展能力的城市。目前，中新天津生态城建设仍在稳步推进中，预计到 2017 年，生态城基础设施和环境治理将全部完成,基本建成南部片区、中部片区、生态岛片区和产业园区,向世界展示一个完整的生态城市形象。

（一）坚持以人为本营造宜居环境

中新天津生态城建设坚持以人为本理念,充分表现为在规划建设中能够满足不同阶层人群的需要,让居住者都享受同等的生活环境和生活质量。具体来说,结合新加坡的"邻里单元"理念,形成了符合生态城示范要求的"生态城市居住模式",包括生态细胞、生态社区、生态片区三级。根据"邻里单元"构建了"生态城中心—生态城次中心—生态社区中心—生态细胞中心"的四级公共服务中心体系,建立教育、医疗、体育、文化等公共服务设施,促进各项事业均衡发展。与此同时,考虑人性化的各类基本需求,尽可能地创造自然、宜居、健康的居住环境。在规划设计中,更加注重城市绿色公交体系建设,基本形成以轨道交通为主的公共交通体系、以清洁能源为主的常规公交体系、以步行和自行车为主的慢行系统,80%的各类出行可在3公里范围内完成。结合绿地系统营造环境宜人的慢行空间,使绿色出行逐步成为居民出行首选,实现人车友好分离、机动车与非机动车友好分离。

（二）坚持绿色先行突出特色产业

作为滨海新区的重要组成部分,中新天津生态城不仅将生态宜居功能作为主要发展目标之一,更致力于构筑生态型的产业体系,鼓励研发、推广和应用生态环保节能的新技术、新设备、新材料、新工艺,确定了节能环保、科技研发、服务外包、教育培训等8大高端、高质、高新产业。目前,生态城产业招商工作已取得初步进展,诸多项目意向明确,现已进入具体实施细节的商讨阶段。今后,还将全面推动国家动漫园、国家影视园、信息技术园、生态科技园、环保产业园5个产业园区的建设和招商。进一步做大做强文化创意产业,全力推动信息技术产业,积极促进低碳金融服务业,多方引进新能源、新材料的研发和生产机构,着力打造高品质的教育、医疗、商业、旅游、娱乐、养老等方面的服务业综合体,探索一条以现代服务业为支撑的可持续发展的产业化道路。

（三）坚持生态优先注重生态修复

中新天津生态城吸收新加坡"花园城市"建设经验,确定建成"一轴三心四片、一岛三水六廊"空间结构的生态花园,在相应的规划中都体现生态优先的设计理念。比如,规划以蓟运河和蓟运河故道围合区为生态核心区，建设六条生态廊道加强生态核心区与外围生态系统的连接，实现区域生态系统一体化。保留西南侧水系入海口的大面积生态湿地，形成咸淡水交错的复合式水生态系统。预留七里海湿地鸟类迁徙驿站和栖息地，保障"大黄堡—七里海"湿地连绵区向海边的延续。完整保留蓟运河故道，保障北部蓟县自然保护区通往渤海湾廊道的畅通，形成以河流为脉络的区域生态网络。与此同时，还将实施土壤改良，建立本地适生植物群落。

第三节　生态文明城市建设的国际经验

在与中国探索生态文明的同一时期，其他国家和地区也开始生态城市的实践行动，积累了许多宝贵的发展经验，包括库里蒂巴、哥本哈根、伯克利、北九州等比较有代表性的城市。由于不同国家和地区存在城市规模、资源禀赋、人口资源的差异，生态城市的开发模式、关注重点也各具特色，但都遵循人、生物与环境相互依赖的城市发展理念。

一　"巴西生态之都"——库里蒂巴的发展经验

库里蒂巴城市规模大、人口密度高，被认为是世界上最接近生态城市的地方，在 1990 年被联合国命名为"巴西生态之都"、"城市生态规划样板"。它以可持续发展的城市规划受到世界的赞誉，代表了大中型城市可持续发展的实践努力。

（一）城市规划以公交导向为先

它摒弃土地面状扩张的传统发展方式，将土地集约利用与交通布局结合，鼓励混合土地利用开发方式。具体来说，以公交线路所在道路为中心，对所有的土地利用和开发密度进行分区，每个小区根据土地的不同使用性质和开发密度采取特殊的土地使用管理制度。在此基础上，充分考虑每条道路的功能、特征、容量和不同的公共交通需求，构建一体化交通网络和道路网络，实现了旧城改造与新城拓展的统一。此外，城市外缘也保留了大片的线状公园绿地。

（二）市民出行提倡绿色交通

始终坚持城市公共交通发展的优先权，大力发展快速公共交通和非机动交通，限制发展私人机动车，而以公交导向为先的城市规划则为绿色交通出行提供了极大便利。具体来说,拥有公交优先权的道路把交通汇聚到轴线道路上,而通过城市的支路(辅路)满足各种地方交通和两侧商业活动的需要,并与工业区连接。同时,轴线的开发使开阔的交通走廊有足够的空间用作快速公交专用道路。

(三)社会发展注重可持续性

社会公益项目强调资源循环利用,著名的"垃圾不是废物"(Garbage is not garbage)的垃圾回收项目成为一个典型,城市垃圾循环回收率达95%。具体来说,每月将回收材料售给当地工业部门,所获利润用于其他的社会福利项目,垃圾回收利用公司为无家可归者提供就业机会。政府鼓励企业、组织和个人参与此类公益项目,并建立相应的机制和激励措施,发动市民参与可再生物质的回收工作,将节约建设垃圾分拣设备的投资资金提取一定比例用于奖励分配。同时,政府还加强对市民的环保意识培育,儿童在学校接受与环境有关的教育,一般市民在环境大学免费接受与环境有关的教育。

二 "丹麦宜居城市"——哥本哈根的发展经验

哥本哈根是兼具商业、工业、文化为一体的重要港口城市,近年来连续被经济情报组织(EIU)评为"最适宜人类居住的城市"。它以"手指形态规划"成为世界城市建设的优秀范本,特别是在节能、环保领域的成功做法成为当选的主要原因,代表了中等工业化城市可持续发展的实践努力。

(一)城市规划防止"摊大饼"

它摒弃"旧城蔓延"的城区拓展方式,坚持"少占良田、改造荒原、营建宜居环境"的原则,建设新型郊区和卫星城镇。以五条铁路主干线为"手指"、铁路站点或附近城镇为"指尖"、中心城区为"掌心",形成一个形象的"手指形态"。"手指"之间保全了森林、河谷和其他重要的生态地区(绿色空间占总面积40%)。

(二)城市生态项目注重节能

通过专业的设计陈述和严格的公众听证程序,城市更新的生态要素实施选取两个项目试点。在Dannerbrogsgade18号建筑生态试点上,增建无源、有源太阳能加热设备,重视雨水的回收利用。在Lille Colbjornsens-gade街区绿色住宅项目上,比如,利用地区热交换厂的余热为玻璃覆盖的污水处理厂供热，而污水处理厂占据绿色住宅三个楼层。除了生态效益外，它也是居民休闲活动的重要场所，充分考虑了公共和私人的绿色空间。这两个节能项目也是绿色技术在微观层面运用的好途径。

（三）市民合作彰显环保理念

政府加强与各类民间组织、市民的合作交流，重点推行绿色账户，并设立生态市场交易日。具体来说，绿色账户记录了一个城市、学校或家庭日常活动的资源消费，提供有关环境保护的背景知识，有利于市民提高环境意识，并为有效削减资源消费和资源循环利用提供依据。作为改善地方环境的一项创意活动，从 1997 年 8 月开始的每个星期六，哥本哈根的商贩们都会携带生态产品在城区中心广场进行交易，这一活动鼓励了生态产品的生产和销售，同时也让公众了解到生态城市项目的其他内容。

三 "美国生态城市"——伯克利的发展经验

伯克利人口密度相对较低，是加利福尼亚州生态城市的杰出代表，这源于"城市生态学研究会"在该市开展的一系列生态城市建设活动，有力地促进了城市可持续发展。它充分考虑"提供让人创业的健康、美丽环境"和"满足人类需求、愿望的功能"两种目标，成为全球"生态城市"建设的样板。特别是在城市建设规划、新能源应用、历史文化传承等方面取得了突出成就。

（一）城市规划强调回归自然

生态城市应该是三维的、一体化的复合模式，要减少对自然的"边缘破坏"，防止城市无序蔓延。按照分区规划导则（ecocity zoning guide）确定基础设施。基于生态适宜性的要求，最大限度保留城市建设基地的自然特征，比如，通过规划疏通区内溪流，解决水系的废弃物污染问题，将码头区建设为独特的岛屿社区。基于社区步行的尺度，选择城市的中心商业区，比如，对中心区和城西、城南两个较大的次级中心采用 400 米的服务半径，对邻里社区采用 200 米的服务半径水平，增强社区邻里感，降低对私人汽车的依赖。

（二）新能源利用与生态节能并举

采取地热能、风能、生物能等新能源对电力供应，减少能源消耗与排放，比如，距离伯克利城市 30 英里的 Altamont 生产了超过加州风力发电能总量 50% 的电力，成为世界上最大的风力发电厂。与此同时，在能源节约方面也做了大量工作。制定《伯克利住宅节能条例》，成立第一个市政节能机构指导能源节约和管理工作；通过宣传教育、奖金激励等办法倡导生态节能；在城市住宅中运用隔热绝缘材料、再生能源、太阳能空气加热气等实施技术节能。

（三）土地利用突出生态保护

充分发展娱乐和开放性空间土地，大、小型公园和娱乐场所占总面积达48%以上，对生态脆弱地区采取自然保护区、城市绿地和社区公园相互衔接的三级式保护，实现有机串联。相比之下，商业用地仅占6%，依据城市主干道布置，位于中心区域，满足居住区用户的商业需求。工业用地仅占4%，依据交通条件布置，以生产加工制造业为主的产业主要集中在西部高速公路东侧。

（四）产业发展依托教育人才

以服务业、零售业为主导，第三产业中信息技术、化学技术、食品加工制造等较强。它还依托伯克利大学努力发展医疗和化学等高新技术。强大的教育产业解决了该市1/6的就业人口。此外，地方政府大力发展生态有机农业，有利地促进了城市生态的可持续发展。

四 "日本首个全球 500 佳奖城市"——北九州的发展经验

北九州城市规模小、资源匮乏，曾经是日本污染最严重的重工业城市，如今却成为环境治理的模板，在 1990 年被联合国环境规划署评为日本第一个"全球 500 佳奖"的城市。它提出"堵住废物源头，推进废物利用，靠环境产业振兴地方经济，创造资源循环型社会"的生态城市发展理念，顺利完成重工业化向新型产业化都市的转变。

（一）产、学、研一体化发展

依靠传统技术及人才优势，建设"北九州学术研究城"，在机器人、半导体、汽车以及尖端环保科技等领域开展循环技术研究。邻近建立生态工业园，将环保教育及基础性研究与技术验证性研究、产业化运作有机结合，作为实施循环经济的重要载体。凭借"通向亚洲门户"的地缘优势，开拓亚洲环境市场，为构建国际资源循环体系提供交通支撑。

（二）环境治理与经济发展同步

投入资金治理各种污染，财政支持项目主要用于改善污水处理系统、发展城市绿地以及扩建废物焚烧场和填埋场。提出循环利用代替处理的废弃物治理方法，开始对垃圾进行分类，由此也带动了资源循环利用民营企业的发展。与此同时，以资源循环利用为契机，促进新兴产业发展和技术创新，包括燃料电池汽车等新一代汽车产业、太阳能等新能源产业、环保机械设备等环保产业，以及医疗健康和生物技术、信息和网络通信技术等。

（三）政策法规与宣传教育结合

一方面，构建包括基本法、综合法、专业法三个层面的国家循环经济法律体系；当地政府制定更为严格的"北九州市公害防治条例"，明确了企业、政府、科研机构、市民的责任和行为规范；建立生态工业园区补偿金制度、产业废弃物征税条例、环保项目税收优惠等有效政策。另一方面，开展多层次的环境教育，系统编写中小学综合环境教育辅导教材；举办各类以环境为主题的宣传活动，比如，政府组织开展的汽车"无空转活动"、家庭自发的"家庭记账本活动"；鼓励市民积极参与环境博物馆等各类环境志愿服务，亲身体验各类生态产品；定期举行市民听证会，对工程项目征求广大市民意见。

第四节　生态文明城市发展的启示与趋势

十八大报告把生态文明纳入社会主义现代化建设的总体布局，深刻系统地提出了生态文明的思想内涵、战略定位和重点任务，将生态文明建设放在突出位置，融入经济建设、政治建设、文化建设、社会建设各方面和全过程。这给生态文明建设提供了重要机遇，也赋予城镇化新的内涵，是一项涉及生产方式和生活方式根本性变革的战略任务。我国城市化水平已由改革开放初期的 19.72% 提高到 2013 年的 53.37%，与高收入国家平均水平相比，还有 20 多个百分点的差距，这是未来 10 年至 20 年城市发展的潜力所在，也是生态文明建设的推进方向。经济发展、社会繁荣和生态保护的交点在未来的城市。

一　国外生态文明城市发展的启示借鉴

总体而言，这些生态城市建设的成功经验有着共同特点：一是注重自然生态，坚持统一分区规划；二是注重人文关怀，坚持土地集约开发；三是注重产业转型，坚持资源循环利用；四是注重制度建设，坚持政策法规引导；五是注重意识培育，坚持教育宣传并举。

　　四个国家地区的生态城市建设各有特色，既考虑不同的城市规模和人口密度，也体现各异的地理区位和资源优势，还突出各自的微观项目和法规政策，它们都为我国生态文明城市建设提供了有益的借鉴。特别是在推进城镇化的新阶段，我们要根据不同城市发展的阶段性和区域性，充分考虑自然生态、资源禀赋、经济实力、人口密度等因素，在规划建设、项目实施、政策引导上有所侧重，使其更具问题指向性，真正将生态伦理、生态经济、生态制度、生态安全和生态环境等生态文明要素落实到城市发展实处。

　　（一）树立科学发展的城市生态观

　　生态文明城市建设强调以人为本，尤其是在城市规划上要坚持全面、协调、可持续发展的理念。具体而言，要注重资源利用的持续高效，还要兼顾经济发展的代际公平；要注重城乡区域的协调发展，还要兼顾公共服务的均等配置。就我国生态文明城市建设看，必须逐步改变以经济增长为导向的城市规划理念，要以改善人居环境和生态环境为根本目的，坚持土地集约统筹发展，充分考虑新城开发与旧城改造、生态保护与资源利用的有机结合，以城市基础设施改善为着力点，从而带动相关产业发展。各地区必须做到因地制宜、突出重点，而不能一哄而上，将生态文明城市建设当作新一轮经济增长的加速器。

　　（二）把握经济增长的内生动力

　　生态文明城市建设要以经济为支撑，但这种经济增长是绿色、低碳、循环的。具体而言，要注重产业结构的调整，以生态文明建设为契机，改造提升传统制造业，大力发展服务业；要注重战略新兴产业的培育，特别是与生态文明城市建设相关的；要注重新型生态产品的供给，不断满足广大居民的消费升级。就我国生态文明城市建设看，要坚持生态环境治理与产业转型升级并举，充分考虑经济增长内生动力的持续强度和扩张力度，强化空气、河流、植被等资源的环境约束，实现经济发展质量与居民生活质量的同步提升。各地区要在维护自身经济利益的同时，在工业园区、科技园区、商业中心区等城市主体功能布局上应避免同质化、碎片化。

　　（三）重视技术创新的推动作用

　　生态文明城市建设离不开技术创新，技术节能也逐渐成为国外典型生态城市建设的重要抓手，绿色建造技术、城市生活垃圾能源化利用等在生态城市建设中取得了较好效果，是城市新能源发展的重要方向，它对推进资源节约和环境保护具有推动作用。就我国生态文明城市建设看，一方面，要以环境保护为契机，加快科技自主创新步伐，重视绿色技术在城市微观节能领域的应用；另一方面，要从技术成本和实际效益出发，适度推进可再生能源、绿色环保材料等在城市的运用，而不是一味地外部引进。

（四）寻求角色适位的多方合作

生态文明城市建设要加强与社会组织、社区居民的合作，且这种合作应具有实质意义，明确不同主体的角色认知和参与方式。特别是对一些社会公益项目而言，更加突出城市居民的参与，使其在参与中接受生态教育，在参与中表达利益诉求。就我国生态文明城市建设看，不仅要突出政府在主体功能区布局、社会福利性资源分配、城市品牌塑造、生态文明制度建设方面的主导作用，还要进一步拓宽合作渠道，并建立相应的激励机制，确保将各类社会公益项目合作落到实处，努力形成政府主导、企业融入、社会组织协调、市民参与的生态文明角色定位，增强生态产品提供和生态治理能力。

（五）强化生态意识与自我发展意识

生态文明城市建设要注重自我发展，将生态意识以各种载体形式内化其中，包括建筑风格、基础设施、生态产品等，即塑造不同城市的品牌形象。与此同时，城市居民具备较好的文化教育素质，加之系统完备的法律制度，能够在主动参与生态文明建设中实现自我价值。就我国生态文明城市建设看，不仅要完善各类生态法规，深化环评制度改革，把资源消耗、环境损害、生态效益纳入经济社会发展和干部政绩考核评价体系；还要加强城市居民的生态教育，在校园、社区、家庭营造良好氛围，通过举办各种活动逐步树立生态文明意识，使其真正成为我国生态文明城市建设的自觉行动者；更要重视生态文化的积极引导，不断传承历史文化、升华人文精神，最终从实现人的全面发展角度构建包容性大、特色突出、竞争力强的现代城市。

二　生态文明城市发展的新趋势

从未来发展看，生态文明城市作为生态文明建设的重要载体，必须走低碳发展、绿色发展、生态文明的特色之路。

(一) 生态文明城市要实现低碳发展

首先,生态文明城市建设的首要目标就是要在保持生态环境的同时又能实现经济的可持续性发展。在严峻的资源、能源和生态环境的危机已成为严重制约经济可持续发展的环境下,低碳发展是实现经济可持续发展的重要途径。低碳经济是通过实体经济的发展模式转型、技术创新、组织创新、产业转型、新能源开发等多种手段,尽可能地减少煤炭石油等高碳能源消耗,减少对化石燃料的依赖,减少温室气体排放,达到经济社会发展与生态环境保护共赢的一种经济发展形态。[①] 低碳发展的根本就是加快经济发展方式的转变,把经济活动对自然环境的影响降低到最小。因此,也可以说建设生态文明城市的出路就在于实现低碳发展。其次,低碳发展是适应生态文明城市建设的必然选择。低碳发展和生态文明城市建设相互依存、相互转化,其目的是为了人类生存环境的改善和发展、维护生态平衡。生态文明城市建设提倡资源利用的高效率、经济发展的"低碳化"、污染物排放的减量化以及人们生活消费模式的根本转变,以达到人、自然和社会经济的和谐共处与发展,这与低碳经济的内容存在众多的交叉和重叠,也符合低碳经济的发展宗旨和根本目标。[②]

(二) 生态文明城市要实现绿色发展

生态文明城市的建设离不开绿色发展的理念,它是建立在人与自然和谐的现代价值观上的。绿色发展的理念要求生态文明城市的建设必须走绿色发展的道路。首先,在生态文明城市的建设中应优先考虑和安排绿色基础设施,它是近年来西方国家提出的关于生态保护和城市建设方面的新概念。它将城市开敞空间、森林、野生动植物、公园和其他自然地域形成的绿色网络看作支持城市发展的一种必要的基础设施。这些基础设施维护着空气和水质的清洁、保护着自然资源,提升了人民的生活质量。它是生态文明城市建设目标的体系化和具体化。其次,生态文明城市的建设离不开绿色技术的支撑。绿色技术是指遵循生态学原理和生态经济规律,能够保护环境,维持生态平衡,节约能源、资源,促进人类与自然和谐发展的一切有效用的手段和方法,其本质就是实现资源节约,合理有效利用资源,

---

① 熊必军:《发展低碳经济建设生态文明》,《理论探讨》2010 年第 6 期,第 223 页。
② 史永铭、高立龙:《大力发展低碳经济加快生态文明建设》,《区域经济与产业经济》2010 年第 8 期,第 8—9 页。

保护生态环境。最后，在生态文明城市的建设中还要不断完善绿色财政、信贷、税收等各方面的政策，增加绿色投资力度，通过激励、引导和约束等手段来加强绿色制度建设，注重培养公民的绿色消费观和企业的绿色生产观。

（三）生态文明城市要实现生态文明

生态文明体现了人们尊重自然、利用和保护自然、与自然和谐相处的文明理念，是人类在改造自然以造福自身的过程中为实现人与自然之间的和谐所做的全部努力和所取得的全部成果，它表征着人与自然相互关系的进步状态。这就要求我们保护城市环境和改善城市生态，但又不仅仅局限于此，其核心内涵是人、城市、自然交互共生的文化传承以及相应文明成果的积累和追求。这种传承还体现在生态环境的技术性优化，相关的制度、规则、法律的建构维持，而更多地指向一种文明形态的存在和持续繁衍。

第七章　生态文明城市的价值
内涵及框架体系

　　价值是社会共同体对于客观事物认识的主观判断，是基于伦理视角下的一种标准，人类社会的发展也伴随着价值观念的变迁而不断调整、优化，彰显了社会伦理的内在诉求。现代城市的发展是人类文明进步的重大标志，也是人类不断探索生活方式、改变生活状态的一种摸索。随着科技进步和生产力的发展，人类社会面临着一系列重大环境与发展问题的严重挑战，诸如人口剧增、土地沙化、气候变暖、环境污染和生态破坏等，这些问题正严重威胁着人类的生存和发展。在严峻的现实面前，人们不得不重新审视和评判现时正奉为信条的城市发展观和价值观。① 因此，必须从更深层次去探寻生态文明城市价值的哲学依据，进而科学把握生态文明城市价值的基本特征，从政治、经济、生态、法律等方面构建生态文明城市的价值框架。

第一节　生态文明城市价值的哲学依据

　　生态文明城市是实现生态文明的重要载体，也是实现城市可持续发展的重要形式。就其价值属性而言，离不开生态文明与现代城市文明两个方面。从生态文明思想上，中西方古代朴素生态价值观中的"天人合一"、"厚德载物"、"人与自然的统一"等表述，都阐述了和谐相处之道，在生态认识、生态理性和生态情怀等方面为后人提供了丰富的经验和智慧。从城市文明思想上，更多的是考虑城市文明的创造者与城市发展的关系，在随后的哲学认知实践中，逐渐形成人类中心主义和后主体性哲学两类。因

---

　　① 牛季平：《绿色建筑与城市生态环境》，《工业建筑》2009 年第 12 期，第 127—129 页。

此，在构建生态文明城市价值框架前，很有必要探讨一下价值哲学依据问题，对于丰富生态文明内涵、促进当代生态化发展，都具有重要的理论意义和现实意义。

一　中西方传统朴素生态价值观的探源

中西方古代生态思想源远流长，不但包含人文精神也蕴含着科学精神，在生态文明建设方面的认识存在互通性，这些朴素的生态价值观在人类文明史中占据着重要地位。中国古代生态文明思想大致可以概括为"天人合一"的生态世界观和"厚德载物"的生态伦理观。西方传统生态文明思想总结为"人与自然相统一"的唯物主义世界观。

（一）"天人合一"的生态世界观

天人合一思想的最早论者应当首推庄子。庄子认为，自然界存在着不以人的意志为转移的客观规律，人类要顺应客观规律，要"不以心捐道，不以人助天"，"无以人灭天，无以故灭命"，这样才有可能达到"畸于人而侔于天"的境界。荀子在此基础上又提出了"制天"的思想。他主张"制天命而用之"，强调要发挥人的主观能动作用，从而改造自然、战胜自然。此后，儒家进一步丰富和发展了天人合一思想。儒家学说认为，"天地之生"与"人类之生"相互促进、相互协同，圣人所要做的一切就是要与天地、日月、四时"合二"，与天地万物和谐一致。道家提出"道法自然"的思想，认为宇宙万物都来源于道，又复归于道，"道"先于天地存在，并以它自身的本性为原则创生万物，所谓"道生一，一生二，二生三，三生万物"，"人法地，地法天，天法道，道法自然"。

作为生态文明的重要载体，古代中国城市的选址、规划、建设无不彰显着"天人合一"的哲学智慧。例如，《管子·乘马》所载"凡立国都，非于大山之下，必于广川之上。高毋近旱而水用足，下毋近水而沟防省。""因天材，就地利，故城郭不必中规矩，道路不必中准绳"。由此可见，天人合一的朴素哲学思想在我国古代城市发展中已经蕴含着生态文明的理念。

（二）"厚德载物"的生态伦理观

《易传》有言："天行健，君子以自强不息；地势坤，君子以厚德载物"。其中，"厚德载物"蕴含着君子对待自然万物应持的生态道德。君子在实际生活中不懈地"克己成仁"，自觉培养与天命相符的伦理观念，就能逐渐意识到天地万物是相关相联、共生共荣的。人可通过"志于道，据于德，依于仁，游于艺"的方式来改造自身的生存环境（包括自然环境），从而掌控自己的命运。因此，才有"君子对于万物，爱惜却不仁爱；对于民众，仁爱却不亲近"。由亲近亲人而仁爱民众，由仁爱民众而爱惜万物，这就是儒家所提倡的仁爱道德，其终极体现在使所仁爱之人物能够充分展现其应有的生命本性及历程。道家进一步要求人类应该跳出自我中心主义的圈子，站在更高层次上理解、对待自然生态环境中诸存在物，认为那种出于人的主观偏好来理解和对待自然事物的方式是对自然的损害。佛家则认为万物是佛性的统一，万物皆有生存的权利。

（三）"人与自然相统一"的唯物主义世界观

无论是古希腊唯物主义自然观，还是唯心主义自然观，它们都认为"人与自然是统一的"。古希腊唯物主义自然观思想普遍具有对宇宙万物的本质抽象具有感性直观和朴素唯物主义的特点。例如，泰勒斯认为"水是世界的本原"。在其看来，水是宇宙之源，水是万物之始基，世界万物是由水这一普遍实体构成，而地球是浮在海洋水面之上的存在。这种从自然本身去说明自然，用物质性的实体表达万物统一的根源的唯物主义思维方式，把人从用超自然原因解释自然的神秘主义造成的恐惧中解脱出来，使人对自然的认识由感性直观上升到理性思辨的高度。[①] 蕴含着朴素的"人与自然是统一的"唯物主义世界观。因而，能提供朴素的方法论，来理解人与自然的统一关系。

二 人类中心主义价值观的盛行与迷惘

随着人类社会的发展进步，开始迈向生产力高度发达、物质资源极大丰富的工业文明时代，但随之而来的却是对人与自然关系认知的重大改变。传统意义上的"天人合一"、"厚德载物"、"人与自然是统一的"等朴素生态价值观逐渐被"人定胜天"、"为自然立法"的机械自然价值观所颠覆。尤其是牛顿经典力学获得巨大成功后，人们开始把自然界的事务和过程孤立起来，把自然万物看作静止的、永恒不变的东西，用机械论的观点看待一切。受此影响，人们逐渐在其他领域开始套用这种思维方式，人类中心主义价值观也就开始盛行。

---

① ［德］恩格斯：《自然辩证法》，人民出版社 1971 年版，第 164 页。

（一）人与自然的关系认知由统一走向独立

法国哲学家笛卡儿曾说过："通晓火、水、空气、星辰、天空和我们周围一切物体的力量和作用，正像我们知道我们的手工业者有多少行业那样清楚，我们就能够准确地把它们作各种各样的应用，从而使我们成为自然界的主人和统治者"。① 这种自然观突出了自然界的可识性，但却带来了人与自然的二元对立，人们由敬畏自然能力转为轻视自然，将自然视为人的奴仆，认为自然的价值仅仅在于服务人类。② 由此可见，人类中心主义价值观的核心思想突出了人与自然是相互独立的两个主体，人是能够进行思维和认识的生命主体，而自然只是可任由人拆解、控制和掠夺的无生命的客体，自然不是意义和价值的领域，只是一堆有待人类利用和攫取的资源。在机械自然价值观的引导下，人与自然的关系认知由统一走向独立，人与自然的矛盾也日益凸显。

（二）人类中心主义价值观指引下的城市文明

在人类中心主义价值观指引下，城市的规划布局不再充分考虑人与自然的和谐，逐步转向资源趋向型、交通导向型等城市发展路径，生态环境保护成为了一个被遗忘的思想。生活在工业文明日益昌盛时期的伟大哲学家马克思和恩格斯却清醒地认识到这一问题的严重性。马克思曾指出："只有在社会中，自然界才表现为它自己的属人的存在的基础。只有在社会中，人的自然的存在才成为人的属人的存在，而自然界对人来说才成为人。因此，社会是人同自然界的完成了的、本质的统一，是自然界的真正复合，是人的实现了的自然主义和自然界的实现了的人本主义。"③ 此后，马克思、恩格斯明确指出，要防止对生态环境的污染和破坏"单是依靠认识是不够的，这还需要对我们现有的生产方式，以及和这种生产方式连在一起的我们今天的整个社会制度实行完全的变革"。④ 海德格尔晚期思想对现代主体性哲学和工业文明也做出了深刻的批判。他指出，区别于中世纪和古代，现代在哲学上最基本的特征就是人成了主体——万物的基础，所有存在者的关系中心；与之相应，世

---

① 《简明社会科学词典》，上海辞书出版社1984年版，第940页。
② 刘胜康：《中西方对人与自然和谐相处的哲学思考》，《贵州民族学院学报》2006年第6期，第48—52页。
③ 《马克思恩格斯全集》（第42卷），人民出版社1979年版，第120页。
④ ［德］马克思：《1844年经济学哲学手稿》，人民出版社2000年版，第92页。

界变成摆在人面前的图像。

三　后主体性哲学思想的兴起与发展

人类工业文明所带来的灾难性后果,一次又一次批判着人类中心主义价值观。人类需要一种后主体性哲学思想来指引其思维和行动,历史和现实也在召唤一种新的生态观,指引人类与自然形成一种和谐的发展范式。城市的工业化进程同样需要一种新的生态观念指引,从而使得承载人类文明的载体得以发展延续。

(一)　回归尊重自然的内在价值追求

20 世纪 70 年代以后,人与自然的关系已经由传统的人类中心主义转向非人类中心主义,生命中心主义、自然中心主义、生态中心主义也相继兴起。虽然这些思想在当时理论界尚有争议,但它们提倡尊重自然的权利和内在价值,为争取处理人与自然的和谐关系提供一种方向。[①] 作为后主体哲学思想的具体代表,生态哲学更加受到重视。它将人类活动与自然环境作为研究主体,探索在自然生态的本来面貌中认识自然的基本方式。否定人类意志凌驾于自然之上,强迫自然就范的实践方式。生态哲学的要义就是探究人与自然生态环境的依存性、亲缘性,探究从无机自然界到植物、动物各个生命层次的本体论特征。[②] 因此,生态哲学要求人们转变传统支配自然的主观意识,即从利用自然的傲慢统治者转变为恭敬自然的保护者。

(二)　后主体性哲学思想指引下的城市文明

追求人与自然的和谐统一,既是一种自然观,同时也是一种价值观。生态文明城市建设也是在生态哲学思想指导下进行的,许多实践活动都蕴含着生态哲学的深刻内涵,不断彰显生态文明的理念。因为生态文明强调在自然整体系统中人的权利与责任,也关注自然自身价值与权利。正如美国学者理查德·瑞杰斯特指出,生态城市是一座生态健康的城市,是低污、紧凑、节能、充满活力并与自然和谐共存的聚居地,其

---

① 刘胜康:《中西方对人与自然和谐相处的哲学思考》,《贵州民族学院学报》2006 年第 6 期,第 48—52 页。
② 李旭:《后主体性哲学视野下的生态文明——论生态文明的哲学定位和四个层次》,《中国浦东干部学院学报》2010 年第 6 期,第 97 页。

追求的是人类和自然的健康与活力，实现城市生态化和促进城市的健康
与可持续发展。

第二节　生态文明城市价值框架与特征

　　生态文明城市是现代城市文明的一种高级形态，其自身价值蕴含着生
态哲学的思想，同时也兼具城市功能和市民群体属性。相比生态城市而
言，生态文明城市建设更加看重人类生存方式和核心价值观的转变：生产
方式从高资源能源消耗向低资源能源消耗转变；生活方式从单向的占有、
使用、弃置物资向循环利用资源转变；人群组织方式从管理、被管理、矛
盾对抗向和谐社区转变。可以说，生态文明城市的价值框架是不同维度价
值的综合集成，主要包括经济价值、生态价值、法律价值、社会价值等。
生态文明城市的价值内涵体现了城市发展的新特质，强调与以往工业化、
城市化进程中的不同特色，呈现出多样性、导向性、人本性和时代性四个
特征。

一　生态文明城市的价值框架：一个分析的逻辑

　　生态文明城市建设是一个全面的、长期的、系统的实践探索过程，也
是理论认识的不断积累过程。因此，对于生态文明城市的价值认知并非一
成不变，也存在分析框架的调整变化。在《生态文明城市建设与地方政
府治理——西部地区的现实考量》一书中也曾讨论过生态文明城市的价
值向度，主要是基于工具性价值和目的性价值两个维度，从生态文明城市
与政治生态内在关联性着手研究价值的内涵、要素、理念，主要包括可持
续发展、自我实现、绿色、包容、有序五个方面，其中，绿色、包容、有
序是从实现路径的价值层面进行考量的。

　　为了能够直观表达生态文明城市的价值内容，本书主要采用经济、社
会、生态、法律的基本划分，围绕建设生态文明城市的三大关键要素，即
生态文明、新型城镇、城镇居民，对不同类型的价值进行内涵界定和内容
阐述。归纳起来，主要有经济价值、社会价值、生态价值和法律价值，具
体如图 7-1 所示。

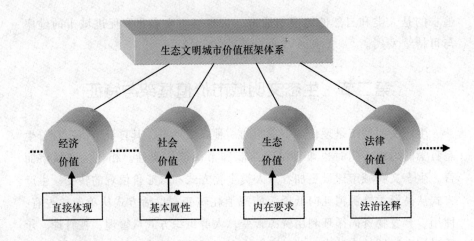

图 7 - 1　生态文明城市价值框架体系

经济价值是生态城市建设成果的最直接体现,通常以具体的经济效益指标来衡量。社会价值是生态文明城市建设的内在要求,要通过不断提升城镇居民的幸福指数、营造公平发展的社会氛围来实现城市文明进步。生态价值是生态文明建设的基本属性,通常以直接的生态环境指向和间接的生态文明理念两种方式体现。法律价值是生态文明城市建设的法治诠释,通过对传统法律价值注入生态文明元素,赋予了新内涵与时代性。

二　生态文明城市价值的基本特征

生态文明价值观认为,自然不仅具有工具价值,而且具有主体性的内在价值,是工具价值和内在价值的统一体。城市作为承载生态文明和人类美好生活理想的地理空间,其价值必然体现人与自然的和谐共生。总体而言,生态文明城市价值应该以人与自然协调发展为基本准则,基于城市自身提供的安全、便捷、文明、富裕和有机会、有尊严的生活环境,通过建立新型的生态、技术、经济、社会等体制机制,实现经济社会的可持续发展。根据经济、社会、生态、法律的划分原则,可以归纳出四个基本特征:多元性、导向性、人本性、时代性。

(一) 多元性:价值内涵的不同视角

生态文明城市建设从一开始就不是一个单向度的城市环境保护或区域生态修复问题,而是更为全面、协调、可持续的发展问题,涉及如何处理生态文明、新型城镇与城镇居民三者的关系，集中体现为人与自然、人与人、人与社会之间的和平、和谐与共生。由此可见，生态文明城市的价值内涵十分丰富，包括经济价值、社会价值、生态价值、法律价值等各方面，社会参与主体的多样化在利益格局上也表现出多元性。

价值内容的多维度。经济价值主要强调转变经济发展方式，它扬弃了只注重经济效益不顾发展福利和生态后果的唯经济工业化发展模式，转向兼顾人口、资源、环境可持续的绿色发展，更加注重绿色 GDP 产出、注重城市竞争力提升。社会价值主要强调营造良好的社会发展环境，城镇居民的价值取向不再单纯追求实现社会价值或个人价值，而是力求实现社会价值与个人价值的统一。生态价值主要强调居民在对生态环境客体满足其需要和发展过程中的经济判断、在处理与生态环境主客体关系上的伦理判断，以及城市生态系统作为独立于居民而存在的系统功能判断，从某种程度上讲，它也同时兼具一些经济价值的属性。法律价值则强调其内在要素的几个转变，包括从对自然的绝对自由到相对自由演进、由社会秩序向生态秩序扩展、由代内公平向代际公平迈进、从经济社会效益向生态效益转变。

参与主体的多元化。多元主体在追求公共利益过程中，形成一种良性互动的和谐关系。特别是在生态城市建设中，要形成一种开放式治理的新模式，主张治理主体多元化，包括政府、非政府组织、社会中介、公民个体、企业等主体。它主要通过合作、协商、伙伴关系、确立认同和共同目标等方式实施对社会事务的管理。不同主体在共同参与城市治理中表达出各自的利益诉求和价值取向，在某一时点上有些价值是趋同的，有些价值是多元的甚至还会产生冲突。因此，必须充分重视参与主体的价值取向，从而在不同价值实现方式上更加灵活、多样。

（二）导向性：价值实现的引领方向

生态文明建设在本质上趋向于并最终实现对自然界生态多样性、整体性与可持续价值的人类文明性理解、善待和尊重。换句话说，对生态多样性与多样化的认可、崇尚与促进应该成为当代社会的文明追求与文明生活的内在组成部分，或者说更进一步，成为一种崭新的生态化文明的内源性基质（在超越工业文明的生态歧视本性的意义上）。[①] 因此，生态文明城

①　郇庆治：《社会主义生态文明：理论与实践向度》，《江汉论坛》2009 年第 9 期，第 11—17 页。

市价值具有明显的导向性,它要求地方政府在推进生态文明城市建设中必须坚持把科学性与实践性相结合、结构性与和谐性相统一、历史性与现实性相协调,以实现"五位一体"的统一发展。

这种价值导向有利于促进社会主义生态民主的进步和发展,有利于促进社会主义经济发展方式和生产方式的合理化、科学化,有利于促进社会主义生态文化体系的建设和发展。① 从生态文明城市价值实现的具体形式上看,更具有明确的引领作用。具体而言,在经济价值表现形式上,具有集聚区域要素的"外部性"、孕育市场经济的内生动力、推动研究开发的创新能力,以及充当提升城市经济发展的新引擎。社会价值表现形式上,主要包括维护社会公平正义、完善社会保障体系、改善公共服务质量等方面。生态价值表现形式上,一方面具有资源的属性,即资源的使用价值,另一方面具有生态的特殊功能,即整个生态环境中无形地带有功能性的服务价值。法律价值表现形式上,包括相对自由发展、良好生态秩序、公平分享资源、生态效益产权归属等方面。

(三) 人本性:价值理念的本质要求

一方面,生态文明为人的发展提供物质基础,同时满足人类的精神需求,其内在特征充分体现了中国特色社会主义的核心价值和本质特征要求,即坚持"以人为本"的科学、可持续的协调发展,最终实现人的全面发展和社会的全面进步。将"以人为本"作为生态文明城市建设的根本价值理念,既是由生态文明城市建设的性质所决定,也是由人类生态文明实践的经验教训所决定。② 特别是党的十八大提出"建设生态文明,是关系人民福祉、关乎民族未来的长远大计",将生态文明建设提到更高的战略地位,这是新的历史条件下对于生态文明城市价值理念的最新诠释,也更加彰显了以人为本、执政为民的理念。

另一方面,生态文明城市建设必须依靠人民群众的主体力量,其成果也必须由人民群众共享。生态文明城市虽然存在不同维度的价值取向,反映不同领域的价值诉求,但归根结底还是要体现"以人为本",突出人民群众在生态文明城市建设中的根本利益。从现代城市的演变趋

---

① 吉志强:《试论社会主义生态文明的特征及其价值导向》,《山西师大学报》(社会科学版) 2011 年第 2 期, 第 34—37 页。

② 张廷广:《生态文明建设的根本价值理念是"以人为本"》,《今日中国论坛》2013 年第 17 期, 第 48—51 页。

势看，人在城市功能拓展、范围延伸方面具有主导作用。可以说，城市的本质是人，没有人的集聚就没有城市。而城市之所以是城市，是因为它能够给人类提供与农村等其他居住、生活方式不同的价值，以实现人类美好生活的理想。①从这个角度上说，经济发展并不是生态文明城市建设的目的，而是借以实现作为人的全面发展之基础与前途的生态良好的物质手段。

（四）时代性：价值认知的多元语境

党的十七大报告明确提出"将建设生态文明作为实现全面建设小康社会奋斗目标的新要求"，首次把生态文明作为国家发展战略提上议程。党的十八大报告更是将生态文明建设与经济建设、政治建设、文化建设、社会建设并列，形成了"五位一体"的中国特色社会主义建设总体布局。十八届三中全会进一步提出要"紧紧围绕建设美丽中国深化生态文明体制改革，加快建立生态文明制度"。随着对生态文明的认识不断深入，生态文明城市价值充分展现出时代特色，即全面深化改革的新时期。认知生态文明城市价值的时代意义，不仅有利于提高现代政府的城市治理水平，还有利于全面理解和把握中国特色社会主义的理论体系，更有利于扭转世界各国之间的"认知逆差"。②

因此，要从生态治理能力和治理水平现代化的高度去认知生态文明城市价值。经济价值、社会价值、生态价值、法律价值作为生态文明城市价值的有机组成要素，同样也赋予了改革的时代性。当前，生态文明城市建设中价值冲突的现象时有发生，有的是由于所处不同阶段引起的，有的是由于利益主体的不同诉求造成的，还有的是由于认知层面的误区导致的。无论是哪种原因产生的价值冲突，都需要用改革的思维去转变"认知逆差"，用改革的勇气去打破利益藩篱，用改革的办法去创新体制机制。只有这样，才能真正从价值认知层面形成共识，进而深入推进生态文明城市建设。

---

① 连玉明、王波：《基于城市价值的中国低碳城市发展模式》，《技术经济与管理研究》2012 年第 5 期，第 90—95 页。

② 王金水：《生态文明的时代价值辨析》，《当代世界与社会主义》2009 年第 2 期，第 170—173 页。

第三节   生态文明城市的价值内容

随着生态文明城市建设的不断推进,对生态文明城市价值的认识也逐步加深,它是适应生态文明而产生的价值观念,从过分强调局部、短期、物质利益的近代人类中心主义向倡导人与自然和谐包容、互利共赢的理性人类中心主义的价值观念转变。根据生态文明城市价值框架的分析,大致可以分为经济价值、社会价值、生态价值和法律价值,不同类型的价值也包含了不同的内涵特点、表现形式,以及对实践的指导意义。

一   生态文明城市的经济价值

经济价值是生态城市建设成果的最直接表现,通常以具体的经济效益指标来衡量。它主要强调转变经济发展方式,扬弃了只注重经济效益不顾发展福利和生态后果的传统工业化发展模式,转向兼顾人口、资源、环境可持续的绿色发展,更加注重绿色 GDP 产出、注重城市竞争力提升。

(一)经济价值的内涵分析

生态经济价值是包含在劳动成果中(无论其表现为物质、精神、劳务或是环境)的生态价值与经济价值的综合,即它在形式上外化了生态价值和经济价值所代表的一般人类劳动。经济价值是凝结在商品中的一般人类劳动仅衡量其经济效应时的形式外化结果;生态价值则是凝结在商品中的一般人类劳动仅衡量其生态效应时的形式外化结果。它们的关系如同硬币的两面(如果一般劳动被视为一枚硬币的话),经济价值与生态价值在同一个生产过程中出现,都是无差别的一般人类劳动的结果,都能用货币加以计量,却不是两个价值的重复生产,而是劳动结果的两种衡量形式,且最终能统一为经济价值的一个生态修正值——生态经济价值。生态文明城市经济价值可以从经济总量及其增长、企业及其效益、居民收入、财政与社会保障、外贸与外资、技术水平与教育及环境等方面进行评价。

第一,经济总量是城市经济活力的基础。经济总量形成的规模经济导致生产及经济要素的集聚,从而提高城市的产出效率。按照城市经济学的基本理论,集聚经济中的城市化经济能对当地的产业产生正的外部性,从而不断促进城市规模的扩大,动态集聚经济表明集聚因素将对经济的发展有着持续的促进作用。

第二，企业作为城市的基本单元之一，既是城市活力的经济细胞，又是城市扩大投资、拓展生产力发展规模和提高生产力发展水平的基础。企业素质将直接决定城市经济活力。一方面，企业的活力构成了城市经济活力的微观基础。企业素质作用于城市经济增长的总体活力、数量和质量、升降趋势及其有效性，在城市经济增长中具有十分重要的地位和作用。企业的人才、科技、资本及企业所形成的产业结构、组织结构、空间布局、产业集群和专业化程度，对城市经济活力有着直接影响。另一方面，城市中新兴的产业发展需要富有创新精神的企业家及其开展风险投资的行为圈，企业家精神作为一种发现市场机会并借助开办企业的方式来抓住这个机会的能力，在城市经济发展中将发挥日益重要的作用。

第三，居民收入在一定程度上反映了该地区劳动力的数量和质量，而劳动力的持续稳定增长是城市经济活力的重要动力。一方面，随着劳动力的持续增长，生产规模将会逐渐扩大，由于规模经济的存在，城市将获得较高的发展速度，从而形成经济的持续增长。另一方面，居民收入水平较高的城市对高技术水平的劳动力有较高的吸引力，劳动力素质的提高也将促进城市经济的进一步发展。

第四，外贸与外资是衡量城市对外开放程度的重要指标。资本是城市经济持续增长的主要因子之一，先进的技术又是城市经济增长的重要源泉。吸引大量外资发展对外贸易，是目前中国城市实现资本和技术两者结合最快捷的途径。

第五，技术的进步为城市经济的发展提供技术支持，同时也对城市外的高素质生产要素形成巨大吸引力，进而促进城市经济的发展。教育水平是城市经济活力的灵魂。它不单影响劳动力的素质及城市的创新能力，同时也是城市整体的技术水平的基础，并影响技术转化为生产力的能力。

第六，城市的环境不仅包括其自然景观，也包括其社会环境。随着技术的进步，很多工业企业的选址都逐步摆脱了在传统意义上的资源、中间投入品或者市场导向的原则，景观优美、文化氛围健康向上、符合主流等环境方面的因素成为吸引生产要素、提高居住者素质从而提升城市经济活力的重要因素。

（二）经济价值的本质与表现形式

生态化发展是一个全新的发展模式，也是现代城市发展的必由之路，即城市生态化。简单地说，就是实现城市社会—经济—自然复合生态系统整体协调而达到一种稳定有序状态的演进过程，包括城市社会生态化、城市经济生态化和城市环境生态化。这标志着生态文明城市已经由传统的唯经济开发模式向复合生态开发模式转变。生态文明城市经济价值的具体形式表现在：

一是具有集聚区域要素的"外部性"。传统的城市规划制定在一定程度上单纯追求经济效益，使经济建设与生态建设存在的矛盾得到激化，生态问题日益严重，城市发展的进程受到一定程度的阻碍。但从长期和全局的角度看，经济建设与生态建设存在一致性，处理好两者之间的关系就能保证城市发展的顺利进行。城市经济发展可为生态建设提供物质基础和技术条件，而生态文明城市建设既是经济活动的有机组成部分，又能为其发展创造良好的外部环境，而且生态环境的优化往往能使本地区甚至可带动周边地区的经济腾飞。

二是具有孕育市场经济的内生动力。市场经济与民主法治是现代工业文明的根本制度。现代市场经济刺激了过旺的物质贪欲，协调起了过大的征服自然物的集体力量。它所刺激的物质财富增长和垃圾积存已超过了地球生态系统的承载力。就此而言，这是市场经济与生态文明相冲突的方面。但这并不意味着市场经济与生态文明绝对不相容。未来的生态文明并不是返回到原始文明或农业文明，而是超越工业文明的文明。它不能不追求物质生产的高效率，只是在生态文明中对效率的评估必须包含对生态效益的重视。生态文明中的物质生产必须采取市场经济的组织形式，只是须根据生态学规律不断调整产业结构，变线性经济为循环经济和生态经济。

三是具有推动研究开发的创新能力。目前，生态工业发展开始起步，开始向清洁生态型企业转化，生态循环型项目也已大部分建成投产或即将开工建设，使生产成本明显降低，环境污染大为减轻。根据生态文明城市建设和可持续发展的要求，结合产业结构优化升级，积极贯彻循环经济理念，从宏观与微观两个层面着手，通过调整产业布局、加强宏观管理调控、推进制度和技术创新、制定完善激励约束政策、扩大招商引资等措施，建设生态企业和生态工业园区，发展垃圾产业和再生资源回收利用业，构建循环经济体系，推进工业经济生态转型。因此，生态文明城市是培养新型人才、开发可再生资源、广泛交流和传播先进技术及管理经验的重要基地，是科技发展最迅速的城市，具有将科学技术扩散、转移，带动生态文明城市科技进步的作用。

四是充当提升城市经济发展的新引擎。城市的实质就是一个生态经济系统，具有生态与经济的双重特征。所谓生态经济系统也就是指生态系统与经济系统共同形成的复合系统。从生态系统构成的因素看，包括资源、环境与人口，这是建设生态城市的三大要素。这里所指的资源，包括湿地资源、森林资源和海洋资源。生态城市建设与城市生态经济发展是同一问题的两个层面，二者之间处于良性互动的状态。生态城市是城市生态经济发展的基础，生态城市的基础打得越牢，越有利于城市生态经济的发展，或者说城市生态经济发展的速度就越快，城市生态经济的质量就越高，结构就越趋于合理，功能及作用就越大。

（三）经济价值理论的实践意义

倡导对自然的全新的价值观念。进入工业社会后，人类自身的需要和欲望的不断膨胀，人对自然的占有和征服代替了人对自然的尊重。经济的飞速发展逐步加剧了人对自然资源的掠夺和对生态环境的破坏。生态文明城市的提出，标志着人类开始意识到自己并不是自然的主宰，而是自然的部分，人类的价值观并不能仅仅以人本身为最终目标，人类的利益和幸福不能逾越自然所允许的范围。人与自然应该和谐相处、协调发展，对自然的开发利用应建立在可持续的基础上。因此，人类只有在与自然协调和谐相处的前提下，才能获得真正持续、健康的发展和幸福，生态文明是人类价值观必然的选择。

主张对资源环境的权责对等。传统的经济增长方式存在着对资源环境权责不对等。企业片面追求着经济效益最大化，却没有为此支付或只是付出了较小的环境成本，付出代价的是社会和公众。生态文明城市的经济价值强调对资源环境开发使用的权利和责任要对等，生态文明城市应是经济发展与环境保护"双赢"、物质文明与生态文明统一的文明城市，为使文明城市既能青山绿水常在，又能金山银山富存，应坚持经济效益、社会效益和生态效益有机结合，拓宽经济发展思路、变革经济发展模式，积极发展循环经济，加快推进产业生态转型，探索走生态经济之路。

实现生态与经济相对平衡。传统的发展观念把经济增长作为衡量社会进步的唯一尺度。生态文明要求人类社会可持续发展，合理配置资源，倡导绿色科学技术、环境协调技术，使生态潜力的增长高于经济增长速度，实现良性生态循环。其根本要求是人类的发展要与自然环境相协调，兼顾生态平衡和经济平衡，努力在提高生态质量的同时实现经济发展。要求人们推进经济生态化发展，力求从被动的"防"转变为主动的"控"，从源头上削减污染负荷，积极改善环境与发展之间的不协调关系，使生产方式向着"生态化"的新形式发展，建设有序的生态运行机制和良好的生态环境，实现环境与发展的统一，实现社会、自然与人类的永续发展。

促使合理利用科学技术。加强科技创新，使科学技术获得新的突破。同时要按照生态文明发展的要求，合理规划科技发展的布局与类别，确立科技发展的正确走向。强化真正造福人类、维护生态平衡的科技再生产，弱化或抑制可能危害人类、破坏生态平衡的科技再生产，使科技始终为人类服务。利用自然界的物质永恒的循环、转化和再生的机制，大力推行清洁生产，发展循环经济，提高资源的利用效率，减少废物排放，减轻环境压力，保护生态环境。

构建可持续的生态经济系统。实现传统经济发展模式向可持续的经济发展模式转化。其核心内容是建设生态产业，包括三个方面的任务：一是生态工业，建立循环经济发展模式，培育和发展生态工业。要更加注重发展环境友好型工业，以生态工业园区为载体，鼓励发展有特色、有效益、有前景的生态产业循环经济链，着力构建循环经济发展格局。二是生态农业，建立开放型生态农业体系，促进绿色产业的发展。要树立全球性绿色意识，推广绿色农业生产技术，发展绿色龙头企业，实行绿色检测标准，健全绿色检验体系；要结合农村经济结构战略性调整，大力发展各具特色的农业生态园区建设，运用循环经济理念对生态园区进行系统规划，鼓励园区内资源的梯次流动和综合利用，促进生态农业上规模、上水平，夯实绿色农业基础；要以高新技术为手段，开发建设绿色农业技术支持体系，降低农药、化肥使用量，进行绿色食品原料基地建设。三是生态服务业，建立可持续发展的第三产业，积极推动产业生态化发展。大力发展生态旅游业，生态旅游业是生态经济的重要增长点，其实质是以生态效益为前提，以经济效益为依据，以社会效益为目标，寻求三者结合的综合效益，实现旅游业可持续发展。

二　生态文明城市的社会价值

社会价值是生态文明城市建设的内在要求，要通过不断提升城镇居民的幸福指数、营造公平发展的社会氛围来实现城市文明进步。它主要强调营造良好的社会发展环境，城镇居民的价值取向不再单纯追求实现社会价值或个人价值,而是力求实现社会价值与个人价值的统一。

(一)社会价值的内涵分析

社会价值理解为人及城市社会组织通过自身的自我实践活动,实现社会公平、人与人和谐、人与城市和谐、人与自然和谐,从而达到满足人们需求,促进城市和谐发展。社会价值的内涵包括城市有良好的社会风气、凝聚力强、出行方便快捷,公共服务质量良好,公众的生态伦理意识普及,生态化的消费方式和生活方式形成;城镇居民的个人能力得到充分展现、和谐幸福、居住舒适安全;市民的价值取向不再是单纯追求实现社会价值或个人价值,而是以实现社会价值与个人价值的统一,实现人与城市的和谐为目的。主要有两个考察维度:

和谐共处维度。一是人与人之间的和谐。它是城市生态文明社会价值的核心要义之一。实现人与人的和谐,充分激发每个人的活力,让个人的能力得到充分发挥、让城市得到充分发展。与此同时,还要形成鼓励人人干事业、支持人人干成事业的社会氛围。二是人与自然的和谐。罗马俱乐部的博特金等人指出,面对自然资源的逐渐枯竭,人们应该看到人类依然拥有没有束缚的想象力、创造力和道德能力等资源,这些资源可以被动员起来帮助人类摆脱困境。面对生态危机,人应该回到主体,把解决问题的着力点落在人自身上,通过开发人的潜在的、处在心灵深处的理解力和创造力,以其自身的智慧使人与自然走上良性发展的轨道,从而实现人与自然的和谐。三是人与城市和谐。人作为城市的主体,其主观意识、思想行为可以推进城市的发展,也可以阻碍城市的发展。建设生态文明城市,使人与城市更好地相融,城市宜人居住,宜人发展,并通过城市内部人们各类活动与各类资源、环境的有机统一,努力实现城市的规划、建设、管理与城市人口、城市规模、城市功能、城市经济社会发展相协调,实现人类在城市这个特定的活动场所的全面、协调和可持续发展。

价值统一维度。简单来说,就是在生态文明城市建设实践中形成个人价值与社会价值统一。从客观条件来看,个人价值实现取决于社会发展水平。先进的社会制度可以为个人价值的实现创造良好的社会环境;发达的社会生产力和科学技术可以为个人价值的实现提供多样化的实践形式。社会发展进步速度可以为个人价值实现创造更多的机遇。从主观条件来看,个人价值的实现与主观素质有密切关系。比如,要有在新时期改革发展开拓的政治勇气,要有处置各种复杂情况的应变能力,要有秉承坚毅信念、积极进取的坚定决心，这些都是实现个人价值的重要因素，也是在深化生态文明体制改革中勇于参与改革事业的必备条件。归根结底，还要通过参加社会实践来实现个人价值。本书中主要指的是积极参与生态文明城市建设，由于个人知识能力储备的不同，个人价值与社会价值统一的实现方式也具有多样性。比如，可以通过积极参与公共政策设计更好地提高公共治理水平，也可以通过做好自身点滴小事树立良好的绿色环保典范。

（二）社会价值的本质与表现形式

社会价值强调多元性与开放性。建设生态文明城市，更是要坚持在平等、交流的基础上进行思想交锋、主张阐释和理性对话，引领各种社会思潮，通过相互学习，吸收西方文明的经验，不断丰富生态文明城市社会价值的重要内容，坚持在交融中丰富发展马克思主义的生态价值体系。生态文明城市社会价值的具体形式表现在:

一是维护社会公平正义。社会公平就是社会的政治利益、经济利益和其他利益在全体社会成员之间合理平等分配，它意味着权利的平等、分配的合理、机会的均等。要全面维护和实现社会公平，除了缩小收入差距、扩大社会保障，使人民群众享受基本的经济公平外，还必须从法律上、制度上、政策上努力营造公平的社会环境，保证全体社会成员都能够比较平等地享有教育的权利、医疗的权利、福利的权利、工作就业的权利、劳动创造的权利、参与社会政治生活的权利和接受法律保护的权利。公平正义的价值意味着:社会所有成员，在遭遇社会风险和灾难时，国家有责任提供收入补偿，而社会成员都平等地享有国家旨在提高其生活水平的物质帮助和社会服务的权利，最终促进共同富裕、体现公平正义，使达到一个政通人和、经济繁荣、人民安居乐业的和谐生态文明社会。

二是完善社会保障体系。社会保障作为一种现实的制度安排，以其独有的社会和谐机制，通过满足社会成员生活保障与发展需要，协调多元利益关系，化解现实社会中的问题与矛盾，最终促使实现人与社会的全面协调可持续共同发展。社会保障的初衷是保障公民在生活发生困难时仍能获得维持一定生活水平或质量所需要的生活资料，即维持最低生活、保障生存权，它也是公民所应享有的最基本的人权之一。社会保障作为一种规范稳定的制度安排，追求社会公平正义，其通过调节收入分配，协调社会各方利益，确保弱势群体的必要利益获取。

三是改善公共服务质量。城市公共服务是城市地域范围内公共物品与公共服务的总称，主要包括基本生存服务（如社会福利和社会救助等）、公共发展服务（如教育、医疗等）、环境服务（如公共交通、公共设施、环境保护等）和公共安全服务（如食品药品安全、治安等）四个层次。比如，生态文明城市所提供的城市供排水、供气、公交、垃圾和污水处理等公共服务具有运营效果难以量化以及监督主体缺失等特点，涉及居民基本生存服务和公共发展服务水平在不同城市的差异较大。这些都在一定程度上影响了社会价值实现，亟需不断提升政府行政效能，以改善城市公共服务质量。总体而言，应以提高公众满意度为导向，逐步打破公共服务的政府垄断，有序开放市场竞争，实现从政府本位、官本位向社会本位、民本位转变。

（三）社会价值理论的实践意义

促使形成良好的环境道德。《中国 21 世纪议程——中国 21 世纪人口、环境与发展白皮书》将我国公民的生态道德界定为：其一，所有的人享有生存环境不受污染和破坏，从而能够过健康和健全生活的权利，并承担有保护子孙后代满足其生存需要的责任；其二，地球上所有的生物物种享有其栖息地不受污染和破坏，从而能够维持生存的权利，人类承担有保护生态环境的责任；其三，每个人都有义务关心他人和其他生命，破坏、侵犯他人和生物物种生存权利的行为是违背人类责任的行为，要禁止这种不道德的行为。因此，必须充分认识当前面临的环境资源危机，以环境道德的软性约束逐渐规范生态秩序和经济活动规则。具体来说，通过普及生态环境知识和环境法律知识，灌输可持续发展的环境道德观，引导人们树立合理的利益观，重新规范人与自然的关系和利益分配，同时还要提倡适度消费和绿色消费观，使社会各阶层逐步树立环境道德意识，养成环境道德习惯，从而自觉履行环境道德义务。

不断培育良好的社会心态。良好社会心态对于社会的有序运行、规范运转至关重要，对于生态文明城市的建设管理也有积极促进作用。它是形成良好社会舆论和社会思潮的基础，也反映着人们的精神气质、心理情绪和价值取向。总体上看，当前人们的社会心态表现为积极健康向上的趋势，多数社会公众在建设美丽中国的蓝图下积极投身生态文明建设，对于一些环境问题引发的社会问题也显示出平和、理性的特征，应对社会变化的心理承受能力显著增强。但同时也应看到，在社会利益关系深度调整与变化中，由于经济价值、生态价值认知的冲突也逐渐扩散至社会领域，民众在生态诉求的表达方式上有时过于激进，极端化、情绪化、畸形化的思维方式和心态模式不断涌现，一定程度上影响了生态文明城市的建设发展。为此，要培育自尊自信、理性平和、积极向上的社会心态。采取合法、理性的表达路径和参与方式维护自身权益，通过广泛而深入的社会参与，逐渐消除在人际关系上的疏离感、隔膜感和拒斥感，促进形成较强的社会责任感、社会认同感和社会成就感。① 此外，还要积极引导形成合理社会预期，合理设定奋斗目标，合理采取实现手段，合理享受努力成果，合理援引评价标准。

实现以人为核心的社会全面发展。要尊重人的主体地位，以人的福利增加和价值实现为目标，进而促进社会全面发展，这也是"人本文明"的根本体现。在经济发展的基础上，不断提高人民群众的物质文化生活和健康水平。不仅要满足生存的需要，还要满足安全、享受和发展的需要；不仅要满足物质生活需要，还要满足精神文化需要。与此同时，还要尊重和保障人的尊严，维护人民的政治、经济、文化基本权利，扩大公民有序的政治参与，保障人民在教育、就业、收入、财产和发明创造等方面的合法权益；要尊重劳动、尊重知识、尊重人才、尊重创造，充分发挥人的聪明才智，创造有利于人们平等竞争、全面发展的环境和条件。在现代生活方式方面，提倡节俭、素朴、审美和实用。倡导人与人之间真诚、亲切、友善、合作的交往方式，淡化物质往来和功利目的，彰显精神追求和情感融洽的交往本质。精神财富的生产，将逐步消除精神产品的商品化，以丰富人的精神世界、完善人的精神生活为终极目标。随着生态文明城市的进步发展，一种健康文明、内涵丰富的生活方式将成为人的内在追求和生存目的。

三　生态文明城市的生态价值

生态价值是生态文明建设的基本属性，通常以直接的生态环境指向和间接的生态文明理念两种方式体现。它主要强调居民在对生态环境客体满足其需要和发展过程中的经济判断、在处理与生态环境主客体关系上的伦理判断，以及城市生态系统作为独立于居民而存在的系统功能判断，从某种程度上讲，它也同时兼具一些经济价值的属性。

---

①　黄相怀：《培育良好社会心态，营造良好社会氛围》，《光明日报》（理论版）2013 年 1 月 22 日。

（一）生态价值的内涵分析

生态价值是物化在生态系统中的社会必要劳动，通过社会经济系统耗费的物化劳动和活劳动而输入到生态系统中，使生态系统中的自然物质具有符合人类生存和经济发展需要的使用价值过程中凝结的社会必要劳动。生态价值泛指涉及生态的一切价值现象及其本质，它是以自然环境为核心的价值关系。既指生态系统及其要素的价值，也包含生态环境有关的价值。生态环境既有使用价值，又有价值。这是对马克思劳动价值论的新发展。或者说生态价值是由生态系统承载的一类价值的总称。① 由此可见，生态价值是指哲学上"价值一般"的特殊体现，包括人类主体在对生态环境客体满足其需要和发展过程中的经济判断、人类在处理与生态环境主客体关系上的伦理判断，以及自然生态系统作为独立于人类主体而独立存在的系统功能判断。或者说是生命现象与其环境之间的相互依赖和满足需要的关系。生态价值观体现着人类对生态系统服务客观需要的主体意识，是一定科学技术条件下人类社会和自然生态系统之间的关系在经济学领域的反映。生态价值在人与生态的关系中，由于主客体关系的变化而赋予生态价值丰富的内容。

（二）生态价值的本质与表现形式

人类只是自然界的一个普通成员，其行为应以维护自然界大家庭的利益为最高价值标准。人类科学技术和经济发展等一切活动，都要充分考虑自然的承受能力限度，要不断培养人们热爱自然的高尚情操。生态价值观继承了中国农业文明的"自然人文主义"，扬弃了西方工业文明的"科技人文主义"。它不仅引导自然朝着健康、稳定、繁荣变化，还引领人类社会走向和睦相处、协同进步的生态文明新时代。可以说，城市生态价值是由城市生态系统承载的一类价值的总称。生态文明城市生态价值的自然基础是生态系统，其具体形式表现在：

一是资源的使用价值。资源的属性决定生态价值是一般等价物。自然资源的价值是在某个部门的平均条件下生产的、构成该部门很大数量产品的那种自然资源商品的个别价值。工业革命以来，社会生产力的不断发展使社会经济系统和自然资源的供给之间出现了紧张的供求矛盾。先人已优先开采了优等、中等条件的自然资源区域，随着这部分自然资源储量的逐

----

① 胡安水：《生态价值的含义及其分类》，《东岳论丛》2006年第2期，第171—174页。

渐减少,当下及后代居民不得不朝向中等条件以下的自然资源区域开发,进而使得大部分自然资源商品的价值正由该部门中等条件下生产该种资源商品的个别价值来决定,之后可能会变为由劣等条件下生产该种资源商品的个别价值决定。因此,必须引起人们的高度关注,这也是当前讨论生态价值的重点所在。

相对一般物品而言,资源的使用价值在用途上具有多样性,但它也只能在相应地域及其可波及的范围内发生作用。比如,水域生态系统在提供鱼产品的同时还具有调节气候、排涝抗旱作用。城市公园是提供市民休闲娱乐场所,但同时也具有绿地生态和城市景观效应等多种用途。然而,在整个城市生态系统中资源的使用价值范围会更广,因为无论是生产者还是非生产者,所有者还是非所有者,他们都可共享资源的使用价值。如果人们在生态系统投入不当,就会使生态系统恶化或污染,这样资源使用价值就会表现为有害的结果,即生态的负效益。

二是生态的特殊价值。部分生态价值在时间、效用上可能不会立即体现,主要表现为以消费者获得级差收入的方式作为其体现物。例如,以环境保护和生态建设为目标的各项工程,包括节能减排、林业生态工程、水土保持工程、防沙固沙工程等,就是生态价值间接地获得了级差收入。一方面,由于级差收入是作为生态环境价值的等价物,消费者不能在享受生态环境使用价值时对生产者直接进行劳动补偿。另一方面,由于没有发生生态环境价值所有权的转移,生产者无权要求消费者直接拿出其生态环境价值的等价物。从环境角度看,生态价值仅指环境价值中无形的比较虚的功能性的服务价值,这也就是生态的特殊价值。

比如,生态的环境价值。在自然环境的基础上,城市生态中建造了大量的建筑物、交通、通信、供排水、医疗、文教和体育等城市设施。这样,以人为主体的城市生态系统的生态环境,除具有阳光、空气、水、土地、地形地貌、地质、气候等自然环境条件外,还大量地加进了人工环境的成分,使得城市生态系统的环境变化显得更加复杂和多样化。又如,生态的认识价值。城市的迅速发展是人类科学技术进步的重要标志,也是改造自然环境的具体体现。由于改变了生态环境的组成与结构、物质循环和能量转化功能,虽然人们的生存空间有所扩大、物质生活条件有所改善,但也带来了复杂的环境问题,使其对于改造自然结果性有了新的认知。再如,生态的审美价值。大自然是人类最美妙的永恒审美对象,是人类美好情感的不竭源泉。山清水秀、鸟语花香的自然景观与浊气四逸、污水横流的环境惨状，对人的精神状态进而心理、生理健康的影响是大相径庭的。精美的艺术、多彩的文化有许多都是来自于对大自然的凝注沉思和审美感受。因此，即使有再丰富的物质生活也无法弥补人们精神生活的贫困。

（三）生态价值理论的实践意义

保持城市生态系统的多样性。伴随着城镇化进程的推进，虽然人们竭力保持原有物种，并有意识地进行绿化和园林建设，增加了一些人工景观单元，但总体来看，城市生态系统几乎在世界范围内都遭到不同程度的破坏，自然生物种类逐渐减少，而伴随生物种类相应增加又破坏了城市的生物区系组成，从而导致离回归自然的期望越来越远，使得人们长期生活在钢筋水泥的"丛林"之中。因此，必须将城市生态系统置于生物圈范畴，要与陆地生态系统、淡水生态系统、海洋生态系统等形成一个有机联系体，而不能凌驾于自然界之上，应与之和谐相处，以维持生态圈的良性运转和自身生态系统的多样性。与此同时，还应搞好城市生态园林建设，加强城市中生物多样性保护的基础研究，强化城市居民保护环境的自觉行动。

合理确定资源定价原则与标准。长期以来，人们将土地、矿山、河流、森林、草原等自然资源视为大自然的恩赐，导致各种商品比价不合理，一些主要农产品、矿产品、原材料和能源等产品价格偏低，加之自然资源利用率也不高，这些都在一定程度上造成了生态系统的不平衡。生态价值论肯定了现实条件下自然资源有价值，为合理制订各种自然资源价格提供了客观依据，在理论上确立使用自然资源的有偿性原则。因此，应根据生态价值论确定各种自然资源的价值量，实行有偿占用、资源补偿，对那些直接从生态系统取得自然物质和能量生产出来的产品适当提高消费价格，通过建立合理的资源比价体系，保证物质资料再生产与生态环境再生产互相促进、协调发展。

重新认识劳动价值规律。马克思指出："社会需要，即社会规模的使用价值，对于社会劳动时间分别用在各个特殊生产领域的价额来说，是有决定意义的。"①在传统的城市建设过程中按一定比例在生产各部门分配社会总劳动时，使用价值基本上是用于生产满足人们物质文化需要的社会

————————

① 《马克思恩格斯全集》（第25卷），人民出版社1974年版，第716页。

规模，很少用于生产满足人们生态需要的社会规模的使用价值上。这说明用商品价值论指导分配社会劳动，由于传统的劳动生产价值论还不能完全解决人们对社会规模使用价值的需要，从而导致现实情况下经济发展与生态环境的失衡。相比之下，生态价值论承认经济系统的产品是社会的需要，又把生态系统的产品看作社会的需要，比如，在生态产品使用上会更加强调有偿性，在新型战略产业选择上更侧重于发展低碳、循环产业。

重视城市绿地和城市森林功能。城市绿地和城市森林是城市生态系统的重要组成部分。城市森林的功能表现在以光合作用制造有机物的同时，还发挥着调节气候、净化空气、涵养水源、保持水土、防风固沙、削减噪声、减少污染、美化环境等生态效益功能。园林的价值更侧重于艺术审美，通过运用包括植物、山石、水体等在内的各种材料进行加工设计，从而达到"天人合一"的城市生态境界。因此，必须科学规划和合理布局城市绿地，加强城市森林建设，形成稳定、健康、和谐的城市森林，进而发挥城市森林和绿地系统的综合生态服务功能。

在长期的社会实践中，我们也深刻感受到，不断恶化的城市生态环境不利于吸引人才、资金、技术、管理等生产要素的汇集，一定程度上阻碍了城市获得发展的机会。相反，加大城市生态资源保护力度，不断改善居民生活环境条件，减轻对城市环境承载压力，是保持城市长期繁荣发展的重要支撑。建设生态文明城市，就是改变以前只注重经济效益而不顾人类福利和生态后果的传统工业化发展模式，转向兼顾社会、经济、资源和环境的发展，注重"社会—经济—自然"复合生态的整体效益，让城市生态价值观念不断深入人心，最终形成一种社会共识。

四　生态文明城市的法律价值

法律价值是生态文明城市建设的法治诠释，通过对传统法律价值注入生态文明元素，赋予了新内涵与时代性。它主要强调了内在要素的几个转变，包括从对自然的绝对自由向相对自由演进、由社会秩序向生态秩序扩展、由代内公平向代际公平迈进、从经济社会效益向生态效益转变。

(一)　法律价值的内涵分析

法律价值是以法与人的关系作为基础的。法对于人所具有的意义，是法对于人的需要的满足，是人关于法的绝对超越指向。法律价值的客体是法，可以是广义的法，或者是可以称之为法的现象或法律现象。法律价值主体是人，它对人的意义有两点：一是法对于人的需要的满足，价值都是相对于主体而言的，或者是主体需要的满足。没有主体的需要，就无所谓价值。二是指法律价值作为人关于法的永远追求，总是在时空和性质上超越于人的客观能力，法律价值对于主体与现实都始终具有不可替代的指导性质，对人类关于法的行为和思想具有根本的指导意义，甚至是人的精神企求与信仰。① 生态文明城市法律价值的表现形式，在法律价值的共性基础上引入环境伦理之后，传统的法律价值又被阐发出了许多新的内涵，形成了有别于传统法律价值的鲜明个性特征。

（二）法律价值的本质与表现形式

法律价值是生态文明城市建设过程中法律对于人们生态需求的满足，有别于传统法学意义上的法律价值。这种差异性来源于生态法与传统法学在基础理论上的差异，生态文明法律价值是建立在生态法基础上的一种全新价值理念。生态文明城市法律价值的具体形式表现在：

一是从对自然的绝对自由向相对自由的演进。自由必须受到法律的限制，法律限制自由的目的并不在于限制自由本身，而在于实现和保障自由，在于扩大自由并为自由的享有提供条件和手段。立足未来的理性精神对自身开发自然的自由作出适当限制，形成一种相对的自由。这种相对自由以生态法律的制度性规定为准绳，在人类发展与自然保护之间划上一个清晰界限。一方面，强调"法不禁止即自由"，鼓励人们在生态法律许可的范围内最大限度地开发资源，激发人们的创造精神达到资源的最大效用；另一方面，强调"自由的协调性"，即人们在行使自己对自然的权利时，使自己的行为与他人的行为相协调，以最大限度地增进生态利益，从而实现人类对自然的绝对自由到相对自由的转变。

生态文明视域下的相对自由，具有与传统相对自由不同的内涵：一是强制来源不同。传统自由的强制来源是人类建立社会秩序的需要，这种自由是个人的行为和他人的行为相协调的产物。生态文明视域下的自由是人的行为与环境资源相平衡的产物，其强制来源是环境压力。二是自由的发展方式不同。传统相对自由主要受自然伦理影响来自人性的需求，而人性的稳定性决定了传统自由的变化较为缓慢。生态文明视域下的自由是随着人类科技进步、人口膨胀等一系列因素的变化不断更新，赋予了不同的时

---

① 卓泽渊：《法的价值论》，法律出版社 2006 年版，第 49 页。

代内涵。三是法律后果不同。人们违反传统的自由规定,超出了自由许可的范围和限度,其行为可能直接受到被侵害对象的回应,受到起诉或控告。生态文明视域下,如果人们违反自由的规定破坏了生态环境,被侵害的对象却无法直接对侵害行为进行回应,只能借助信托理论,由大自然的"代理人"代为行使追究权利。

二是由社会秩序向生态秩序扩展。生态秩序具有人与其他物种以及人与整个生态环境和谐、安定有序的两重含义,其实质要求是保持人与自然之间合乎规律的正常状态。虽然人与自然的和谐表现在生态秩序对人与自然双方利益的统筹兼顾,但人在生态秩序中是占据主导地位的,因为生态秩序的实现离不开人的作用,是人发挥其主观能动性进行创造和选择的结果。环境秩序往往要通过对权利、义务的具体规定加以体现,这些规定主要是针对人类而言的,对生物圈中的其他成员没有实质性意义。它们对本物种内部秩序的维护充其量也只是出于生存和发展的本能。需要指出的是,生态秩序既包括静态的人与自然之间的关系,更包括动态的人与自然的关系,因为人类社会的发展一经启航,就永远不会停留下来,人类的实践活动既可能改善环境质量、提高自然资源的有效利用,也可能破坏生态平衡。这种污染、破坏行为的量变积累到一定程度后,和谐的生态秩序必将遭到不同程度的破坏。农业文明的兴衰、工业文明的穷途末路、生态文明的异军突起,都极度彰显生态秩序对动态和谐的追求。

生态秩序的实质是人与自然关系的常态,并且这种常态可能是相对静止的,人与自然的和谐秩序,永远是一种动态的平衡。在这种动态平衡中维护良好的生态秩序,尤其需要把握自然秩序与人类秩序的关系。通过创设环境权来合理划定环境利益,弥补传统民事权利设计的缺陷,以促进人们像行使人身权利和财产权利一样保护自己的环境权利。通过合理分配当代人群之间以及代与代人群之间的环境利益,促进人类社会有序地开发自然资源。通过正确协调各利益群体之间的环境利益冲突,促进人类社会充分尊重自然规律,把人类社会的持续发展融入自然法则之中,构建人与自然的和谐关系,实现两者的和谐发展。

三是由代内公平向代际公平迈进。传统经济学否认自然资源和环境质量的经济价值,认为自然财富是自然的天赋和遗产,它支撑着人类的经济价值,人类如果不利用和改造这种自然的天赋和遗产,就没有任何附加"价值"的生产。这种价值观体现在生态文明法律价值取向上,容易忽视当代人之间环境资源利益的公平分配，更谈不上当代人与后代人之间环境资源的公平协调分配。生态公平包括代内公平和代际公平。代内公平指的是代内的所有人，不论其国籍、种族、性别、经济发展水平和文化等方面的差异，对于利用自然资源和享受清洁、良好的环境享有平等的权利、承担平等的义务。代际公平把生态权利的主体从当代人扩展到未来世代。一般来说，主要坚持三个原则：一是保存选择原则。每一代人应为后代人保存自然和文化资源的多样性，以避免不适当地限制后代人在解决他们的问题和满足他们的价值时可得到的各种选择，还享有可与他们的前代人相比较的多样性的权利。二是保存质量原则。每一代人既应保持生态环境的质量，以便使它以不比从前代人手里接下来时更坏的状况传递给下一代人，又享有前代人所享有的那种生态环境的质量的权利。三是保存接触和使用原则。每一代人应对其成员提供平等的接触和使用权利。

代际公平具有浓厚的伦理色彩，要把代际公平理念法律化还需要克服法律诉讼制度上的困难，解决下代人的诉讼资格问题，需要我们从信托制度等方面寻找制度设计的灵感。相比代际公平而言，代内公平具有优先性，代际公平是以代内公平为前提的，代内不公平延续到后代将导致更大程度的不公平。这仅仅是生态中心主义伦理观在法律价值上的一种体现，是一种崇高要求和美好期望。它可能在某一范围和时空条件下具有一定的道德指引作用，但在法律层面上会遇到一系列难以解决的问题，更可能会导致人类社会的发展倒退，甚至陷入混乱局面。

四是从经济、社会效益向生态效益的转变。人类在自然资源利用中的低效益是导致环境问题产生的根本原因，而经济发展、社会进步与生态和谐又是人类所普遍希望的生活目标，前一问题的存在严重影响了后一目标的实现。以上矛盾的存在迫使生态文明城市建设必须高度重视生态效益问题，并将其作为可持续发展的基本要求。传统法律对效益的关注主要限于经济领域，其重点在于合理分配权利、义务以实现资源配置的最优。民法是规治个人在追求微观经济效益的市场行为，而经济法则弥补民法在周期性波动、垄断、外部性、公共产品及分配不公等市场失灵现象上调整功能的不足，追求以社会效益最大化为目标的宏观效益。无论是微观还是宏观经济领域，人类都忽视了生态效益的追求，导致了人类追求经济效益的行为对生态造成了破坏。

生态文明城市建设对效益的关注要从传统的经济、社会领域扩展至生态领域,倡导追求一种在实施过程中所取得的合乎目的、合乎社会需求、合乎生态规律要求的有益效果。与传统法中的效益价值相比,这种效益价值表现出强烈的公共性,它是一定范围内多数人的共同利益,不能直接归属于特定的社会个体。而经济效益则可以直接归属于社会个体,具有私益性。另外,这种效益价值还表现为突出的不可预知性,生态价值对于人类的价值,人类基本上难以估算,人类行为对生态系统造成破坏后的影响,人类难以预知,但社会效益则可以根据传统观念和实践作出合理预测。因此,生态文明城市建设需要考虑经济效益、社会效益和生态效益的有机统一,特别是要通过制度设计实现生态效益的最大化。具体而言,一是调整平等主体之间的权利义务关系。通过确定各个市场主体之间的生态权利,建立一整套对环境资源产权设计、确认和保护的产权制度,从静态上分配各市场主体的权利。同时在产权清晰的基础上,通过制度安排实现健康的自由交易,以最大限度实现效益价值。二是调整权力与权利的关系。在环境资源配置过程中,有时市场交易成本会高于非市场交易成本,这时就需要公权力介入资源配置过程,采取行政管理和直接管制模式就显得必要。三是调整权力之间关系。通过赋予环境管理机构以决策权、监督权、协调权和执行权,使其能够担负起统一管理的责任,保证管理的最大效益。

（三）法律价值理论的实践意义

它集中体现在对生态文明城市法律价值冲突的选择,这种选择把相互冲突的价值统一、整合、互补起来,把理论上的思想性和指导性转化为实践中的针对性和可操作性。因此,解决生态文明城市建设的法律价值冲突,才能解决立法、司法、执法时面对诸多法律价值难以选择、无所适从的难题,法律价值才能实现其正确指导立法、推进生态文明城市建设的重要作用,生态文明城市法律价值才会产生重大的实践影响和深远意义。生态文明城市的自由、公平、秩序、安全和效益等法律价值表现形式之间存在着矛盾统一的关系。

就统一关系而言,不同法律价值之间有着相互促进、相互保障和共同发展的一面。生态自由是当代法的时代精神,没有法律保护公民的自由,人类社会将在自然面前彻底失去前进的保障,人类社会也就停滞不前甚至倒退。生态公平是整个现代生态法律价值理念体系的基石,是将生态秩序、生态安全和生态效益等现代生态法律价值理念有机联系起来的基本理念。生态安全是实现生态公平、生态秩序和生态效益的底线要求,没有生态安全一切都将无从谈起。生态秩序是维护生态公平、生态安全和生态效益的基本保障，很难想象生态自由和生态安全能在生态无序中存在。生态效益是生态公平、生态秩序和生态安全所要达到的最终目的，如果不考虑生态效益，生态公平、秩序和安全，那么对人们而言将毫无价值。

就矛盾关系而言，由于人的需要是多元、多层次性的，法律价值也呈现多元、多层次性。多元、多层次的法律价值之间难免存在一定紧张关系，自由、公平、秩序、安全和效益在价值取向上必然会存在冲突与矛盾。比如，自由与秩序就存在典型的冲突关系，追求自由可能就会对正常秩序造成冲击，为了维护正常的秩序难免会抑制自由，这种现象称之为法律价值的冲突。同样，生态文明城市建设的法律价值冲突也是难以避免的客观存在。法律价值冲突虽然令人苦恼，但同时也是人类理性的产物，是法律发展的结果，社会发展的结果。法律冲突一定意义上推进社会发展和人类思维的进步。法律价值冲突的一次次解决，就是人类进步的一个个足迹。解决生态文明城市建设的法律价值冲突，除了遵从传统的"两害相权取其轻"、"避苦求乐"等朴素原则外，还应该遵从以下三条原则：

基本价值原则。生态文明城市建设的法律价值应当是自由、秩序、公平，也就是说创造一种公平、自由的生态秩序。这是除基本价值之外的其他价值都必须遵从的基本法律价值，其他价值必须服从的基本法律价值。生态文明城市建设的基本法律价值是一个有机联系的整体：秩序是人类生存的基本条件，自由是人类生存和发展的必需，公平是人类社会得以维持的保证。三者是一个整体，都共同服务于生态文明城市建设共同的最终目标——人类与自然和谐共处、可持续全面发展。那么，如果上述基本价值发生冲突，该作出怎样的选择？我们认为，从社会功利的角度看，自由是人类发展的最基本的动力和源泉，没有自由，人类就没有历史也没有未来。从道德伦理的角度看，自由是人的最基本属性，是人的基本尊严。没有自由的秩序，必然是一潭死水，人类作为其中的蛆虫，在逐渐腐烂的环境中窒息而亡。如果人类不在生态文明建设中坚持自由的原则，就无法在发展中解决问题，最终导致文明的倒退与没落。而在自由基础上建立的生态秩序，则是生态文明城市建设的根本保证，自由只能依靠秩序的保障才能实现。如果说自由是人的灵魂、思想和精神的话，那么秩序就是人的生理肉身。没有精神、思想和灵魂，人就是行尸走肉的躯壳。而没有生理基础，灵魂、思想和精神将在不着边际的天空游荡。而公平则是保证自由与秩序价值的长期保证,没有公平,生态文明城市建设的自由与秩序将会形成一种不正常的发展状态,最终在发展中引发大量问题,自由与秩序将茫然无存。如果我们大胆地对生态文明城市建设的法律基本价值作出排序的话,"自由—秩序—公平"的排序应该具有最大合理性。

适当成本原则。在法律价值之间发生冲突时,首要之举是对各种方案进行成本测算,确定取舍、确定位列,实现最佳的价值取舍或最有效益的价值位列组合,从而达到最佳的价值效益。准确地测算成本并根据成本测算做出价值选择,对于解决价值冲突显得特别重要。在法律价值追求的成本测算中应注意以下几个重要数量:一是确定各种冲突的价值元素、解决方案在具体情况下的分别效益量。这是对具体价值目标进行考虑、证明评估的首要环节,也是确定某种元素或方案的根本动因。二是确定各种冲突的价值元素、解决方案要实现各自具体效益量所需的成本量。这是对成本的预测,它很难准确确定,但却是进行可行性考虑的必需。尽可能准确地计算成本量是防止错误发生的关键。三是主体所能承受的成本量。这是对于相应方案取舍的决定性因素,是进行可行性考量的最根本的依据,它甚至是某一方案的最终决定因素,甚至具有"一票否决"的意义。成本是否"适当"是相对于特定主体而言的,离开具体的主体来讨论就变得没有了意义。在确定了以上数量并根据各种情况评估的基础上,还应综合考虑其他的解决方式,最终寻找到解决法律价值冲突的方法。

法治原则。这是法律价值冲突解决中必须坚持的原则。在法律设定有价值准则的时候,遵守既定的价值准则是最为必要的。有法律作为根据的,必须遵守法律的既有规定。生态文明城市建设的法律价值,目前在国家层面上的立法中体现不够、着墨不多、内容不实,而地方性立法又存在权威不够、落实不力、效果欠佳等困难。因此,在生态文明城市建设过程中,要在充分论证、深入调研的基础上,把一些普适性的基本价值引入生态文明立法中,把这些普适性基本价值细化为建设生态文明城市的具体制度,成为政府行政的基本依据、企业经营的基本准则、个人活动的行为规范,以符合时代需求的生态法律价值理念引领生态文明城市建设,促进人与自然、人与人、人与社会和谐共生、良性循环、全面发展、持续繁荣的生态文明城市尽快建立。

第八章　生态文明城市价值的实现模式

生态文明城市价值具有复合属性，同时也包括丰富的时代内涵，主要体现在经济价值、社会价值、生态价值、法律价值等方面。如前所述，不同价值之间在生态文明城市发展的不同阶段也会产生冲突。这既是利益多元化选择的过程，也是主客体相互适应的过程。因此，生态文明城市价值的实现模式呈现出不同路径和价值主导。概括起来，主要有三种实现路径：生态环境危机的倒逼式变革、实现永续发展的自主性改革、民众生态诉求的表达式参与。它们在生态文明的实现进程中分别扮演着不同角色，代表了在生态文明建设领域全面深化改革的突围方向。

第一节　生态环境危机的倒逼式变革

在人类中心主义、发展至上论、科技至上观等思潮的指引下，传统发展模式受到批判与否定。生态环境危机促使人类重新审视经济发展与生态环境的密切联系。以生态观为指导的可持续发展模式成为 21 世纪人类生态环境问题的有效手段。倒逼式变革是应对生态环境危机，实现经济持续健康发展，不断增进人类福祉，为后代预留发展空间的必然选择。

一　生态环境问题进入高发频发期

经过 30 多年高速粗放式的发展，我国出现了环境污染、生态系统退化的严峻形势。特别是 2000 年以来，生态环境问题进入高强度频发阶段，地下水污染、重金属污染、土壤污染、雾霾等问题不断出现，从城市到农村、从大气到陆地、从高山到河流，都受到了不同程度的破坏。持续恶化的生态环境严重威胁着人类的生存与发展。具体而言，主要表现在以下几个方面：

（一）地下水污染、饮用水安全问题

水资源是维系自然生态系统运转的重要生态要素，也是维系人类生存发展的必需资源。地下水是淡水资源的重要组成部分，与地表水相互联系并彼此转换，形成淡水资源循环系统，是人类饮用水的主要来源。然而，生产、生活污水的无序过度排放，工业废弃物等污染物的任意填埋，大气污染所造成的雨水污染等对地下水资源造成了由表及里、由浅至深的系统污染。《全国城市饮用水安全保障规划（2006—2020 年）》报告显示，全国近 20% 的城市集中式地下水质、水源水质劣于 III 类，部分城市水源水质超标因子已出现致癌、致畸、致突变的污染因子。目前，城市地下水污染已逐渐呈现由点向面、由条状向带状扩散，由表层向里层渗透，由城市向周边蔓延扩散的态势。地下水污染在严重影响公众健康的同时，不断加速生态环境的退化与破坏，造成了巨大的生态成本损失。

（二）重金属、土壤污染问题

重金属污染主要是由采矿、废气排放、污水灌溉和使用重金属超标制品等人为因素引起的，目前重点防治的是砷、铅、汞、铬、镉等重金属污染问题。近 10 多年来，随着我国工业化的不断加速，涉及重金属排放的行业越来越多，包括矿山开采、金属冶炼、化工、印染、皮革等，再加上一些污染企业的违法开采、超标排污等问题突出，使重金属污染事件出现高发态势。《中国环境统计年报（2007—2012 年)》（如表 8 - 1 所示）有关数据显示，虽然重金属排放量呈不规律起伏，但重金属污染已经严重危及居民生命健康，从 2009 年至今，我国已经有 30 多起重特大重金属污染事件，成为威胁生态安全的重要因素。

表 8 - 1　　　　　　　　　五大类重金属污染物排放量　　　　　　　单位：吨

污染物	2007 年	2008 年	2009 年	2010 年	2011 年	2012 年
砷	187.4	215.0	197.3	118.1	146.6	127.7
铅	319.7	240.9	182.2	140.8	115.2	97.1
汞	1.2	1.36	1.39	1.05	1.4	1.1
铬	69	75.3	55.4	54.8	293.2	259
镉	187.4	215.0	197.3	118.1	146.6	127.7

资料来源：《中国环境统计年报（2007—2012 年）》。

土壤污染是指由于人类活动产生的有害、有毒物质进入土壤，积累到一定程度，超过土壤本身的自净能力，导致土壤性状和质量变化，构成对农作物和人体影响和危害的现象。当前，我国土壤污染出现了有毒化工和重金属污染由工业向农业转移、由城区向农村转移、由地表向地下转移、由上游向下游转移、由水土污染向食品链转移的趋势，逐步积累的污染正在演变成污染事故而频繁爆发。2014 年《全国土壤污染状况调查公报》结果显示，全国土壤环境状况总体不容乐观，总的超标率为 16.1%，其中，轻微、轻度、中度和重度污染点位比例分别为 11.2%、2.3%、1.5% 和 1.1%。部分地区土壤污染较重，耕地土壤环境质量堪忧，工矿业废弃地土壤环境问题突出。日益加剧的污染趋势可能还要持续 30 年。

（三）雾霾天气污染问题

雾霾是近年来中国秋冬季频发的一种大规模极端灾害天气。由雾霾所造成的可吸入颗粒物 PM2.5 值持续攀升，导致空气质量下降，流行疾病病毒扩散，严重影响了公众的健康，对社会生产生活造成较大范围的影响。亚洲开发银行和清华大学联合发布《中华人民共和国国家环境分析报告》称，中国最大的 500 个城市中，低于 1% 的城市达到世界卫生组织推荐的空气质量标准，同时，世界上污染最严重的 10 个城市有 7 个在中国。中央气象台统计数据显示，2013 年 1 月，共计发生 4 次大规模雾霾天气，雾霾范围影响全国 30 个省（区、市）。截至 2013 年 11 月上旬，全国雾霾年平均日达到新中国成立以来峰值，较同期增长 2.3 天。

（四）水土流失、土地沙化问题

水土流失是指人类对土地的利用，特别是对水土资源不合理的开发和经营，使土壤的覆盖物遭受破坏，裸露的土壤受水力冲蚀，流失量大于母质层育化成土壤的量，土壤流失由表土流失、心土流失而至母质流失，终使岩石暴露，它可分为水力侵蚀、重力侵蚀和风力侵蚀三种类型。当前，我国水土流失表现为三个特点：面积大、范围广；强度大、侵蚀重；成因复杂、区域差异明显。2010 年，水利部张学俭在"土壤环境与健康高峰论坛"上表示，中国水土流失面积达 356 万平方公里，占国土面积超 37%，是世界上水土流失最为严重的国家之一，每年约有 50 亿吨土壤遭到侵蚀。

土地沙化是水土资源破坏的另一种表现形式，主要是因气候变化和人类活动所导致的天然沙漠扩张和沙质土壤上植被破坏、沙土裸露。虽然我国生态建设取得了重大成就，但自然生态系统退化、生态布局不平衡、生态承载力低的问题依然十分严峻。森林作为陆地生态系统主体的功能没有充分发挥。湿地生态系统还有一半尚未得到保护，面积减少、功能退化的趋势依然在持续。荒漠生态系统问题更加严重，沙化土地面积占国土面积的 18%，土地沙化已成为我国最大的生态问题。

二　生态危机意识从觉醒到行动

近年来，生态环境问题的日益暴露已经引起人们的警觉。应该看到，我国的环境压力比任何国家都大，环境资源问题比任何国家都突出，解决起来比任何国家都困难。保护生态环境逐渐成为人们的共识，过去那种片面追求经济增长、竭泽而渔的开发利用模式已经难以为继。要在经济发展与环境保护中寻求合适的平衡点，不仅是经济问题、技术问题，更是社会问题、政治问题。因此，必须以良好的生态环境为前提，使人们深刻地意识到良好的生态环境同样是一种公共资源，更是一种最公平、最普惠的公共产品，它关系到民生福祉与代际公平。

（一）良好生态环境是最普惠的民生福祉

生态环境作为一种纯公共物品，其所具有的非竞争性、非排他性特征意味着竞争性市场供给该类物品不能达到帕累托最优，同时决定了政府提供该类物品的必要性。因此，应该把良好的生态环境作为一种最普惠的公共产品向公众提供，以此来增进民生福祉。良好的生态环境即是最普惠的民生，这是对狭隘民生观念的纠正。在中国的基层治理中，常常出现以发展经济、提升 GDP、拉动就业为名变相纵容污染、消极治污的情况，这其实是一种将民生与生态对立起来的偏执，一种有发展就有污染、无污染就无发展的狭隘，是今天环境问题越来越严峻的思想认识根源，也是未来在建设"美丽中国"道路上必须破除的思路。①

还应看到，提供良好的生态环境是对政府环境治理力度和效果的一种鞭策，也是改变传统治理理念的切实行动。一方面，提供良好的生态环境是政府改善民生的有效途径。生态环境不仅影响着人们正常的工作生活，还影响着人们的发展机会、发展能力和基本权益。良好的生态环境不仅是人们生存发展的基本底线，也是有效保障经济社会正常运转的重要前提，更是事关代际公平的重大社会问题。因此，越是生态环境问题严重的时

---

① 本刊评论员：《良好生态环境是最普惠的民生福祉》，《光明日报》2014 年 11 月 7 日。

候，改善生态环境的民生需求就越迫切。另一方面，提供良好的生态环境是政府提供优质公共服务、维护公共利益的重要表现。新公共管理理论强调，政府职能是以服务公共利益为主导目标的，而在经济发展中改善生态环境，在保护生态环境中追求经济可持续发展，就是当前最广大群众的重大利益诉求所在。因此，应该将生态治理纳入政府提供的基本公共服务体系，成为衡量政府作为、领导干部个人素质能力的标准。

（二）保护生态环境就是保护生产力

受人类中心主义、发展至上理论思潮的影响，人类对生产力的认识往往局限在人类自身"能力"的狭小范畴内，并有意识地将生产力与"自然"割裂开来。因此，对人类利用自然、改造自然的能力的解读不能局限于人类中心主义这一狭隘视域内，人类社会发展历史表明，经济发展与环境保护并非此消彼长的矛盾关系，而是相互依存、相互促进的统一关系。正如习近平总书记指出，要正确处理好经济发展同生态环境保护的关系，牢固树立保护生态环境就是保护生产力、改善生态环境就是发展生产力的理念，更加自觉地推动绿色发展、循环发展、低碳发展，决不以牺牲环境为代价去换取一时的经济增长。这是因为：

一方面，良好的生态环境为生产力发展提供先决性条件。自然并非人类征服与改造的主体，而是人类社会与生态环境的本质统一。由此可以推论，生态文明建设与经济发展方式转变存在必然联系。生态文明建设既要积极促进经济发展方式转变，也要为经济发展方式转变提供有力支撑。因此，必须充分尊重自然规律，在保护生态环境的前提下，实现人与自然更高层次的和谐。另一方面，生产力发展为生态环境的改善创造可能。生态环境的有效改善归根结底取决于先进生产力的发展与进步。工业革命以来，科技革命在产业革命产生与发展过程中起到了极大的推动作用。在能源枯竭、环境约束趋紧的现实环境下，科技革命再次推动能源革命与产业革命。以太阳能、风能、生物质能为代表的新能源取代高能耗、高污染的传统能源，在一定程度上缓解了生态环境与经济发展的尖锐矛盾。伴随着新技术革命的不断突破、生产力的不断进步，也将创造更加良好的生态环境。

三　倒逼改革的行动次序与政策框架

将生态治理纳入国家治理体系之中，通过深化生态环境保护体制改革来推进生态环境保护，从而倒逼产业转型升级。但是，必须保持经济发展与生态治理共同促进，保持治理方式与社会生产力水平相适应，把握好生态文明建设改革的重点领域、突破口和先后次序。因此，要按照"源头严防、过程严管、后果严惩"的基本思路，对关系民生的突出环境问题进行专项治理，将其作为生态环境倒逼改革的重要切入点。按照先后次序可以分为：生态环境保护专项治理、区域生态安全修复与补偿、发展方式转变与民生改善三类。

（一）生态环境保护专项治理

突出大气污染防治在环境保护专项治理中的重要性。为此，国务院专门发布《大气污染防治行动计划》，作为当前和今后一个时期全国大气污染防治工作的行动指南，专门明确了十项具体措施（简称"大气十条"）。其中，首要举措就是加大综合治理力度，减少污染物排放。在此基础上，环境保护部出台了"大气十条"考核办法，在全国范围内开展大气污染防治考核。对易造成高尘污染的火电、钢铁等行业开展有效环境监管，对石油化工等重点行业挥发性有机物进行有效治理。推动机动车排放标准实施进程，加大机动车污染防治力度。建立全国大气污染防治部际协调小组，完善重度污染天气监测预警体系，有效推进城市空气自动监测网络建设。

强化水污染防治在环境保护专项治理中的紧迫性。要建立多方协同的水环境综合治理机制，比如，建立并完善与环境污染第三方治理相适应的预处理标准体系与相关制度。按照问题导向原则，集中治理劣 V 类水体，强化引用水源地水体稳定、延缓并消除水源地水质退化。与此同时，还要进一步放开并规范水污染防治领域的市场准入制度，鼓励专业化污染治理公司进入污染治理设施的投资、建设、运行和管理等领域。此外，还要逐步强化对生活源、农业面源污染的监管。

加快推进土壤污染专项治理工程建设。要将耕地和集中式饮用水源地作为土壤环境保护的优先区域。积极开展耕地土壤环境监测和农产品质量监测，更加注重对环境风险的控制。《土壤环境保护和污染治理行动计划》专门从保障农产品安全和人居环境健康角度出发，对土壤环境质量实行分级、分类管理。要在有关地方启动土壤污染治理与修复试点示范，比如，以大中城市周边、重污染工矿企业、集中污染治理设施周边、重金属污染防治重点区域、集中式饮用水水源地周边、废弃物堆存场地等为重点。

（二）区域生态修复与补偿

十八大报告首次将生态安全格局写入其中，明确指出要加快实施主体功能区战略，推动各地区严格按照主体功能定位发展，构建科学合理的城市化格局、农业发展格局和生态安全格局。《全国主体功能区规划》明确指出，国家层面的主体功能区是"两屏三带"生态安全战略格局的主要支撑。因此，要树立生态安全底线观念，划定全国生态保护红线，根据区域资源环境承载力科学确定区域布局、开发强度和开发边界。按照"在保护中开发、在开发中保护"的原则，对脆弱性的区域生态进行修复。要从制度设计层面为区域生态格局构建寻求良好的制度安排。

具体来说，要实现国土功能格局与区域生态安全格局规划的有机衔接，进而改变单纯的行政区经济格局，形成若干与自然资源禀赋和生态环境相协调的经济区域，构建基于生态环境保护和可持续发展的区域经济体系。运用发展权转移维护区域主体功能，正确区分优化、限制和禁止开发区域发展权的标准和市场价值差异。其中，优化开发区域的发展权控制是在已经获得充分发展权并导致开发强度过高背景下的发展权约束；限制和禁止开发区域的发展权控制则是为了维护区域的特定功能而对尚未获得充分发展权情况下的超前管制。① 建立相应的生态补偿机制，根据生态系统服务价值、生态保护成本、发展机会成本，综合运用行政和市场手段，调整生态环境保护和建设相关各方之间利益关系的环境经济政策，逐步完成区域范围内脆弱性生态的渐次修复。

（三）发展方式转变与民生改善

作为第三次序的政策行动，也是需要长期坚持并不断提高政策质量的。上述两类政策行动是当前亟需推进的改革，也是倒逼式变革的基本要义所在。但究其本质，生态环境的破坏和生态资源承载负载是由传统粗放型的经济发展方式造成的，如果不从根本上转变经济发展方式，切实改善民生质量，生态环境保护专项治理和区域生态修复也只能是应急之策而非长久之计。从认识实践看，自20世纪80年代以来，已经将环境保护上升到国家战略层面并对有效保护生态环境的生产方式变革进行基础性探索。

---

① 高国力：《美国区域和城市规划及管理的做法和对我国开展主体功能区划的启示》，《中国发展观察》2006年第11期，第52—54页。

《中国 21 世纪议程——中国人口、资源、环境发展白皮书》提出了转变经济增长方式和可持续发展的主张。由此可见,关于发展方式转变与改善民生的制度安排由来已久,特别是伴随着生态环境问题进入高发频发期,对如何形成环境共同治理与绿色发展有了更为坚定的共识。

从长远看,要切实转变经济发展方式,进一步优化经济结构,把增强自主创新能力作为产业转型升级、提升经济质量的重要抓手,它也是实现经济发展方式转变的关键。在新的形势下,还应把扩大内需与改善民生、生态文明建设有机结合起来,将环境保护放在突出位置,把节能减排作为扩大内需的重要方面,大力发展生态经济、循环经济和低碳经济,降低资源能源消耗,提高资源能源的有效利用率。与此同时,还要切实解决影响经济社会发展特别是严重危害人民健康的环境突出问题,在全社会形成资源节约的增长方式和环境友好的生活和消费方式,逐步实现经济增长由主要依靠增加物质资源消耗向主要依靠科技进步、劳动者技能提高、管理创新转变。

第二节　实现永续发展的自主性改革

20 世纪 80 年代以来,世界各国能源资源日益枯竭,人口总量和增量的扩张与资源能源的衰竭形成鲜明的对比,过度开发造成资源存量不断减少,环境污染带来的危害愈演愈烈。要实现中华民族的永续发展,不仅需要倒逼式变革以解决日益突出的生态环境问题,还必须从体制机制创新上采取自主性改革,找准改革的切入点与着力点,逐步构建一套适合我国国情的生态文明制度体系。相比倒逼式变革而言,这种模式体现了决策者的积极主动意识,更加注重制度体制的调整设计,是全面深化改革在生态文明领域的内在要求。

一　能源资源承载压力更加凸显

以高成本和高污染的化石能源消耗为基础的传统发展模式只能使得少数国家实现富裕和现代化,而不能保障所有国家走向共同繁荣。传统模式所支撑实现高收入的国家也就不到 10 亿人,而新一轮工业化要带动接近 30 亿人迈向高收入门槛。如果仍然延续这种模式,化石能源本身可能无法支撑,即使有足够的外部供给,可能带来的安全问题和环境问题也是不允许的。从总体上来看，目前我国粗放型的经济增长方式还没有得到根本的转变，经济增长在很大程度上还是依靠资源的高投入、高消耗来实现的，而这种发展模式也会导致能源与资源的过度开发与低效利用。

（一）重要能源对外依存度大

随着国内可再生能源资源和非常规资源的开发利用以及煤炭资源的可持续利用，能源自给率总体上保持较高水平，在优化政策情景下，2020年我国能源自给率为85.5%，2030年能源自给率为83.6%。[①] 但是，由于大量潜在能源需求与不合理能源结构之间的矛盾，很容易导致能源对外依存度迅速上升，尤其是近期，石油、天然气依存度持续上升，必须引起高度关注。能源对外依存度提高已成为我国经济社会发展面临的一项重要挑战。目前，石油、天然气对外依存度分别超过58%和28%，一次能源消费总量中约12%依靠进口。煤炭进口量也呈现不断上升态势，根据海关总署有关数据显示，2013年中国煤炭进口量达到3.27亿吨，同比增长13%。未来一段时期内，石油天然气对外依存度还将进一步提高，能源安全面临重大挑战。

（二）传统能源供给模式难以为继

从世界范围看，传统的工业化、现代化大都建立在大量依靠不可再生的化石能源基础上，由于石油、煤炭等传统化石能源数量有限，已经逐步呈现日益枯竭的趋势，同时新的能源生产供应体系尚未完全建立，能源危机不可避免地会影响世界许多依赖石油资源的国家。根据BP能源历史统计数据计算，截至2011年底，石油储采比是54.2年，天然气储采比是63.6年，煤炭储采比是111.9年。从国内情况看，现在的能源供给仍然以化石能源为主，还沿用传统的能源消费方式；与此同时，人均能源资源拥有量较低，特别是优质资源比较少，存在资源禀赋分布不均衡、开发难度大等问题。传统的能源资源开发和使用对自然生态也产生了严重影响，由此造成的各类环境危机时有发生。

（三）未来能源消耗可能持续上升

未来20年，不论我们采取什么样的措施，随着经济总量增长和收入水平提高，我国能源需求总量仍会不断增长。近10多年来，我国能源消

① 国务院发展研究中心、壳牌国际有限公司：《中国长期能源发展战略研究》，中国发展出版社2014年版，第15页。

费量年均增长 8.4％。根据国务院发展研究中心课题组的推算，即使在优化政策情景下，2010—2020 年我国能源需求预计年均增长 4.8％，2020—2030 年年均增长 1.5％。虽然我国对能源需求明显低于过去 10 年年平均水平，但仍明显快于国际能源需求的增长速度。从消费总量看，2030 年我国的能源需求总量比美国和欧洲分别高出 53％ 和 33％，占全球能源需求总量的比重将达到 23.3％。以人均消费比计算，2030 年我国人均能源需求为 4.1 吨标煤，低于美国 7.5 吨标煤和欧洲 5.2 吨标煤的人均水平，但明显高于全球 3.1 吨标煤的人均水平。从终端能源需求看，预计到 2020 年，电力需求将超过 8 万亿千瓦时、天然气需求将超过 3500 亿立方米、石油消耗达到 5.5 亿吨、煤炭需求量为 32.5 亿吨标煤。[①]

（四）能源开发利用带来的环境压力持续增大

随着城镇化进程的不断推进，对能源生产和消费会有更高的要求，能源需求的持续快速增长带来的环境保护压力也会更大。以高资源消耗为主的传统经济发展模式必然会造成环境污染、生态破坏等负外部效应。从能源开发和利用的生命周期过程看，不同阶段都会对环境造成压力，引起局部的、区域性的乃至全球性的环境问题。目前，能源开发利用是造成大气污染、土地酸化等环境污染问题和气候变化的主要原因。据估计，我国有 80％ 以上的大气主要污染物，包括 PM2.5、氮氧化物和二氧化硫等，以及温室气体排放来自化石能源使用。如果不控制化石能源的消耗并降低排放强度，按照目前的趋势发展下去，大气质量将达到难以承受的程度。此外，能源利用引发的环境污染与公众对环境质量诉求日益提高的矛盾将更加尖锐。

二　自主性改革的切入点与着力点

推进生态文明体制改革，是全面深化改革的重要领域，也是实现永续发展的自主性改革的内在要求。选准切入点、抓好着力点，是顺利推进改革的关键。正如习近平总书记在中央全面深化改革领导小组第七次会议上讲话指出，要善于从群众关注的焦点、百姓生活的难点中寻找改革切入点，推动顶层设计和基层探索良性互动、有机结合。对于生态文明领域而

---

① 国务院发展研究中心、壳牌国际有限公司：《中国长期能源发展战略研究》，中国发展出版社 2014 年版，第 12—14 页。

言，就是要从实现可持续发展和代际公平的长远利益出发，围绕人民群众关心的生态环境污染和生产生活发展问题，进行自主性改革。以寻找绿色经济发展动力和构建参与生态治理机制的社会为切入点，具体涉及低碳绿色发展、产业转型升级、社会治理改善三个方面。

（一）低碳绿色发展方面：生态价值为侧重

在自然资源禀赋趋紧的条件下，只有充分尊重生态价值，合理利用生态资源，使人类社会的永续发展与生态资源的承载能力达到平衡，才能实现人与自然的和谐、有序发展。这是从生态文明城市生态价值方面考虑的。从这个角度讲，低碳绿色发展就是要大幅度调整优化能源供应结构和利用方式，通过紧凑型城市形态、建筑节能、高效能源系统来实现可持续发展的城镇化道路。低碳发展有助于提高能源利用效率，减少能源消耗，延长产业链，增加附加值，逐步摆脱资源、能源、环境等对发展带来的约束，实现经济增长方式的转变和经济结构的优化调整，按照"低投入、低消耗、低排放"、"高产出、高效率、高效益"、"可循环、可持续、可再生"原则发展低碳经济，必将给生态文明城市建设带来新的活力和动力，有助于建立起现代化的低碳产业体系和可持续的城市发展模式。

调整能源结构是低碳绿色发展的现实选择。我国在近中期内还离不开煤炭，但要逐步降低煤炭消费比例，改变以往过度依赖煤炭现象，提高煤利用率，清洁高效地利用煤炭。因此，必须加快推进安全、高效和清洁的国家煤炭开发与利用战略。改善煤炭产业链的管理，大力促进煤炭的绿色开采。制定燃煤发电战略，促进煤炭集约、清洁、高效的利用。改善和实施煤炭开发与利用的有关环境法规与标准，强化燃煤电厂污染监管。探索可再生能源的优化配置模式，建立多元化的能源供应体系。

发挥碳汇潜力是低碳绿色发展的必由之路。应根据碳平衡状况，利用区域间碳源和碳汇量的差异，通过有效的形式，建立碳排放交易制度，使生态服务向有偿化转变。比如，组建区域碳排放交易市场，依照国际通用的"碳源—碳汇"平衡规则，以"外部效益"溢出份额建立生态补偿基金，同时试征碳税和推行碳交易制度。建立环境权益交易市场，开展环保和排放的技术交易、二氧化硫排污权交易、碳排放交易等，为平衡环境责任提供平台。探索建立环境基金和碳基金，谋划资金渠道，规范资金运作，基金要严格用于资助低碳的项目、低碳技术研发和技术商业化。

　　高新技术研发是低碳发展的内在要求。充分利用碳减排、能源安全和环境保护的先进技术,提高低碳技术与产品的竞争力。既要瞄准低碳经济领域的相关技术,又要重视低碳技术的研发和储备。一方面,鼓励低碳技术的发展,优先部署以煤的气化为龙头的多联产技术系统开发、示范和整体煤气化联合循环技术等先进发电技术的商业化。另一方面,加大对自主创新投入,增强自主创新能力,争取应用高科技和先进适用技术改造传统产业,打造拥有自主知识产权的优势产业,全面提高产业技术水平。

　　(二) 产业转型升级方面:经济价值为侧重

　　加快推进经济结构战略性调整,促进转型升级是大势所趋,刻不容缓。要从根本上缓解经济增长与资源环境之间的矛盾,关键还在于推进产业转型升级,这是从生态文明城市经济价值方面考虑的。习近平总书记指出,增长必须是实实在在和没有水分的增长,是有效益、有质量、可持续的增长。要以提高质量和效益为中心,不再简单以国内生产总值增长率论英雄。强调"看不见的手"和"看得见的手"都要用好,努力形成市场作用和政府作用有机统一、相互补充、相互协调、相互促进的格局。这些重要论述,明确了经济转型的目标方向,也提供了基本遵循,特别是对破除"唯 GDP 论"、把经济发展转到更加注重质量效益的轨道上来具有重大导向作用。因此,必须树立正确的发展观和政绩观,把转方式、调结构放在更加突出的位置,更好地发挥市场"无形之手"作用和政府"有形之手"作用,从根本上解决经济长远发展问题,努力实现生态建设与经济发展互促共赢。

　　首先,要做好化解落后过剩产能。在尊重市场规律的条件下,充分发挥政府引导作用,逐步盘活并消化现有产能存量,关停并淘汰落后产能消耗设备。特别值得注意的是,要建立完整的生态文明制度,势必将会导致更多和更为严格的环保政策和标准出台,对于行业而言,环保压力进一步增加将有利于倒逼落后产能淘汰进程,有效抑制产能无序扩张,对改善行业供过于求的局面起到积极的作用。此前,环保部门联合多部委已经出台多项环保政策,对环保政策后续走向定下了更为严格的基调。对煤炭、钢铁等行业而言,制定更为严格的环保措施能够倒逼落后产能淘汰进程,进而加速推动产能去化过程,改善行业供过于求的严峻局面,有利于促进产业转型升级。

　　其次,要实现经济业态的转型。生态建设与经济发展互动机制的关键，在于如何从依赖生态资源消耗发展的传统落后产业中解脱出来，把产业发展与生态建设结合起来，实现生态建设产业化、产业发展生态化。现代性业态城市应当拥有朝阳主导产业，产业集成围绕核心生产要素，保持有机联系和复合平衡。根据不同地区城市自然、人文资源和地域、民俗等特征，可以选择一种或几种能够促进生态保护的生态型产业来替换传统耕作农业和污染工业，并以生态产业增量逐步消化污染工业存量。这些所选产业不仅要适合城市实际情况，而且要具备形成产业链的潜在空间，带动与之相关的生态产业的发展，形成一种可持续发展的生态化产业体系。

最后，要大力发展新兴产业。从产业发展趋势看，战略性新兴产业、先进制造业、节能环保产业将成为重要的战略性新兴产业，是产业转型升级的主要方向。比如，围绕原材料精深加工、生物资源和特色农产品精深加工，大力发展先进制造、生物医药等战略性新兴产业。因此，应加强对各类产业的政策引导，鼓励发展与城市性质相一致的产业，淘汰高投入、高能耗、重污染的行业；与此同时，提高高耗能、高排放产业的进入标准，从源头上控制新建产能的碳排放。进一步调整产业结构，推进产业和产品向利润曲线两端延伸；持续推进工业节能，控制高耗能、高排放行业过快增长。

（三）社会治理改善方面：社会价值为侧重

在转变经济发展方式的同时，还要更多地关注社会治理的改善。社会治理能力的提升有助于形成良好的网络框架，通过调动多方资源来改进公共服务质量，共同应对环境污染引发的各类突发问题，进而为生态环境的持续性改善和公众生态意识的逐渐树立奠定基础。这是从生态文明城市社会价值方面考虑的。现代社会治理理论强调政府通过与社会合作协商、建立伙伴关系、确立各方共同认同的目标等方式实施对公共事务、公共生活的合作管理，实现公共利益最大化。[①] 因此，自主性改革还要与表达式参与有机结合，以"协商、合作、共享"的方式完善社会治理框架，为生态文明制度体系的构建奠定社会基础。由于下节还要专门阐述民众生态诉求的表达式参与内容，这里，主要从多方参与治理的责任归属与定位方面

---

① 徐猛：《社会治理现代化的科学内涵、价值取向及实现路径》，《学术探索》2014 年第 5 期，第 9—17 页。

进行分析。

一是弱化地方政府权力。生态文明城市建设需要更多社会主体的参与，政府从过多的行政干预到逐步向市场放权。在城市发展理念、生态产业布局、公民利益诉求、城市品牌塑造等方面实现政府主导、其他治理主体参与的格局。政府应该逐渐弱化自身权力，特别是一些垄断性的权力应该予以规制和约束，努力形成权力由政府单一主体向政府、市场、社会多元主体的转移。要正确处理政府与市场的关系，合理划分两者的权责边界，确保生态文明建设在市场和社会领域的自主性。

二是提升企业的融入力量。它的最大体现在于引入公共物品的竞争性供给模式。在市场领域，通过公共服务外包的形式向各企业公开招标等办法提供更廉价优质的物品和服务，尤其是随着市场经济组织的发展，由企业以竞争来提供某些产品也成为重要方式。在同一区域可能有多个相似的私营企业和公共企业存在，这些私企和公共企业就存在竞争，谁能提供更优质的生态物品，谁就获得更大的支持和更多的生存空间。因此，通过市场化的竞争实现以更小的成本投入获得社会提供的更多的生态物品。

三是倡导民众主动参与。民众参与社会管理，是在整个社会的治理理念和框架下，以谋求政府和不同社会组织的多种沟通。为此，需要把握组织化参与的原则：一是民众通过社会组织化的参与应是公开、透明和制度化的，即所有的组织利益表达，都是以先定的制度为前提的，民众有权了解整个参与过程；二是民众组织化的参与以每个市民所代表不同组织所拥有的社会义务为前提的，即组织的活动应当在社会正义的原则下进行，履行社会公共责任，从而获得社会合法性，并因此得到政府制度化承认。

四是强化社会组织协调。伴随着各种新兴社会组织的出现，社会化力量逐渐发展起来，从而为社会组织的参与提供了新的空间。强化社会组织的参与程度，是社会价值实现的重要方面，也是生态文明城市建设需要的重要力量。因此，应当顺应新的社会形势，努力整合社会组织的社会功能，积极引导社会组织参与各种生态保护和环境公益活动，充分发挥其在城市精神引领、利益诉求表达方面的优势，推动生态文明建设的组织化参与。

三　生态文明制度体系建设的几个方面

解决日益严重的能源资源承载压力、生态环境污染问题以及由此引发的各种社会矛盾，关键在于实施自主性改革，这也是实现中华民族永续发展的根本保障。因此，需要通过顶层设计进行体制创新，构建生态文明制度体系，整体推进生态文明建设。这需要在构建科学的政绩考核评价机制、制定环境破坏责任追究制度、建立健全资源生态环境管理制度、制定资源有偿使用和生态补偿制度四个方面进一步深化改革。

（一）科学的政绩考核评价机制

政府的生态责任首先表现在经济社会发展观念的转变，要在生态文明城市建设中树立政府对自然的生态责任。传统地方政府治理都是以获取最大经济利益为首要目标，很少考虑环境问题，甚至不惜以牺牲环境为代价。这样的发展方式不符合科学发展观的根本要求，也与生态文明城市建设背道而驰，归根结底，它与地方政府的官员政绩考核机制有关，盲目追求 GDP 增长是政绩考核机制的主要弊病，导致了地方政府治理模式停留在单一、线性思维。因此，完善生态责任机制就必须改革地方政府官员的政绩考核机制。

一是强化约束性指标，转变政府执政理念。要建立绿色 GDP 核算体系，将生态保护纳入国民经济核算体系，把自然资源成本和环境污染损失纳入国民经济核算体系，在政绩考核中充分考虑单位 GDP 的能耗与经济总量的关系，引导地方政府官员从单纯追求 GDP 的盲区中跳出来，转向坚持经济社会发展与环境保护、生态建设相统一，充分发挥政府对生态管理的主导作用，履行政府应尽的生态责任。二是完善激励性指标，提升政府执政能力。要加大对地方政府建设生态文明城市的政策支持与财政投入，特别是在环境治理、维护生态平衡、生态文化塑造等方面加大考核力度，重点考察政府是否将生态保护目标纳入国民经济和社会发展的中长期规划和年度计划；是否切实增加生态保护的投入和完善生态补偿机制，创造条件设立生态保护专项资金；是否将提高广大人民群众的生活水平尤其是提升生态文化水平纳入政府发展纲要、施政方针。

（二）环境破坏责任追究制度

作为一种常用性的政策工具，责任追究制度在生态文明建设中发挥着重要作用，也是生态文明制度创新的重要体现。政府对公众的生态责任强调以代内公平为基础,以自然为中介实现同代人之间的共同发展。十八届三中全会特别指出,要实行最严格的责任追究制度,用制度保护生态环境。十八届四中全会进一步强调,要用严格的法律制度保护生态环境,强化生产者环境保护的法律责任,大幅度提高违法成本。因此,要落实生态责任机制,不仅需要完善政绩考核机制,还要切实建立政府监管机制和相应的惩罚机制,即环境破坏责任追究机制。

一是健全完善环境保护法律法规体系。要对现有法律法规中不符合生态文明理念要求的法律条款进行修订、补充和完善。研究制定生物多样性保护、土壤污染防治、核安全等法律法规。强化环境执法的重要地位,合理利用司法资源,依法推进生态文明建设。二是改革生态环境保护管理体制。通过建立、完善、严格监管所有污染物排放的环境保护管理制度,独立进行环境监管和行政执法,不断提高执法工作的权威性。三是明确监管主体、落实监管责任。地方政府要通过实行环保一票否决制,监督公共部门及管理者在生态文明建设方面的行政作为。企业要通过加强对企业生产行为的生态执法监督,提高企业生态违法成本,追究企业生态破坏责任。

此外,政府还可以通过向社会组织等社会力量赋权,从立法、制度上充分保障它们的各项环境权益,为环境 NGO 提供更为开放的政治空间和宽松的政策环境,发挥应有的环境监督作用,这是责任追究机制的外在表现形式。诸如,设立投诉中心和举报电话,鼓励广大群众检举揭发违反生态保护法律法规的行为;充分发挥广播、电视和报刊等新闻媒体的舆论监督作用,公开揭露和批评环境污染和生态破坏的违法行为。

(三) 生态环境资源管理制度

强化生态环境保护,需要建立一套完整的生态环境管理制度体系。主要包括以下几个方面:一是构筑归属清晰、权责明确、监管有效的自然资源资产产权制度。对水流、森林、山岭、草原、荒地、滩涂等自然生态空间进行统一确权登记。二是健全国家自然资源资产管理体制,按照市场规律加快自然资源及其产品价格改革,客观反映市场供求、资源稀缺程度、生态环境损害成本和修复效益。三是按照受益原则、破坏—补偿原则和使用付费原则,将资源税扩展到占用自然生态空间层面,通过税制创新扭曲资源生态环境激励,以达到平等与效率的均衡。[①] 四是建立统筹协调的生

---

① 张高丽:《大力推进生态文明,努力建设美丽中国》,《求是》2013 年第 24 期。

态系统保护修复和污染防治区域联动机制。按照主体功能区规划，建立国
土空间开发保护体制和国家自然保护区网络。① 五是建立严格的环境监管
和行政执法体制，统一监管不同地区与流域的所有污染物排放。六是建立
吸引社会资本投入生态环境保护的市场化机制，推行节能量、碳排放权、
排污权、水权的交易制度，推行环境污染第三方治理。

（四）资源有偿使用和生态补偿制度

资源有偿使用制度是指国家采取强制手段使开发利用自然资源的单位
和个人支付相应费用的一整套管理措施。为了矫正资源使用与生态开发的
负外部性，政府需要将负外部效应内在化进而实现资源的有效配置。主要
包括以下几个方面：一是建立真实反映资源稀缺程度、市场供求关系、环
境损害成本的价格机制。通过完善资源价格体系结构，为资源有偿使用制
度实施提供真实的价格信息与体制保障。二是严格执行资源开采权有偿取
得制度。石油、煤炭、天然气和各种有色金属等都是面临枯竭的不可再生
的宝贵资源，资源开采者必须向资源所有者缴纳相应的税费以获得开采
权。三是营造公平、公开、公正的资源市场环境，形成统一、开放、有序
的资源初始配置机制和二级市场交易体系。四是建立政府调控市场、市场
引导企业的资源流转运行机制，通过市场对资源的有序配置，提高资源的
利用效率，改变人们利用与消费资源的传统方式。

生态补偿机制是指对损害生态环境的行为或产品进行收费，对保护生
态环境的行为或产品进行补偿或奖励，对因生态环境破坏和环境保护而受
到损害的人群补偿，以激励市场主体自觉保护环境，促进环境与经济协调
发展。首先，要建立健全生态环境补偿的长效机制。按照"谁开发谁保
护、谁破坏谁恢复、谁受益谁补偿、谁排污谁付费"的原则，合理界定
生态补偿的主体、对象、标准以及方式。通过制定相关法律法规来实现生
态环境补偿机制的制度化和规范化。其次，积极实施环境税收制度和生态
补偿保证金制度。通过开征环境税和生态保证金，使得能够保持较长的征
收期限，从而保证生态补偿资金的来源长期稳定。再次，要建立横向转移
纵向化的补偿支付体系。最后，加快建立科学的生态环境评估体系，推动
生态环境的定性评价向定量评价的转变，为生态环境补偿机制有效地完成

---

① 翁伯琦、张伟利：《区域生态文明建设与资源环境有效管理》，2014 年 5 月 16 日。ht-
tp：//www.qstheory.cn/zoology/2014－05/16/c_ 1110719619.htm

实施目标提供相应的技术保障。

第三节　民众生态诉求的表达式参与

　　生态环境是一种最公平、最普惠的公共产品，同时也是一种事关民生的基本公共利益。近年来，由各种生态环境问题引发的群体性事件呈现多发态势，社会民众对生态利益的诉求表达方式也更加多元，有些是民主协商式的，有些是抗议抵制性的，还有个别的采取一些极端手段。因此，必须高度重视民众的生态诉求，正确引导民众参与社会公共事务，畅通生态利益诉求的表达渠道，为社会治理的改善创造条件。生态思维预示着人类的政治发展需要一种新的替代性选择，生态社会需要与民主联系起来。这种治理形式，在某种意义上就是建立在公民广泛参与基础之上的协商民主政治。① 特别是在多方参与治理过程中，民众作为重要的参与主体，不论是在政治领域、经济领域、生态领域还是社会事务的管理领域，都应该发挥其特殊而重要的作用。

一　生态诉求表达的合作与冲突

　　始于 20 世纪 60 年代的"新公共行政"（new public administration）倡导，公共部门应充分尊重公民参与公共行政的权利并充分发挥其作用。准确认定和选择民众利益与偏好，将有序的民众参与纳入到公共管理过程之中，在公共政策制定与执行中充分听取公众诉求表达，是提高公共决策质量、提升公共管理绩效，有效防范公共危机的有效途径。一般来说，有效的公众参与取决于政策质量与政策的公民可接受性，任何一方处理不当都可能出现非理性参与。从已有的生态文明建设方面的参与实践案例看，主要有合作表达参与和冲突表达参与两种方式。

　　（一）合作表达方式的形成机制及案例

　　在决策质量弱约束的前提条件下，公共部门往往能够准确掌握公众的政策偏好信息。通常，此类政策的问题往往不会有"是与不是"的结构化倾向，此时，公众接受性约束便成为公众参与表达方式选择的关键要

---

　　①　高建中:《生态思维与生态民主》,《北京林业大学学报》（社会科学版）2010 年第 1 期,第 118—122 页。

素。通常，无论公众的诉求与公共部门的政策目标是否一致，公众都会选择合作的表达方式参与政策过程之中。而此时，公共部门无论选择公共决策还是整体式公民协商决策亦或是分散式公民协商决策，都不会影响公众以合作的表达方式参与政策过程的最终结果。民众参与合作表达方式的形成机制如图 8-1 所示。

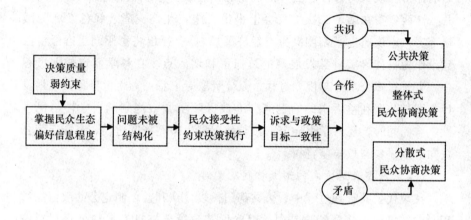

图 8-1　民众参与合作表达方式的形成机制

案例一：普通民众参与的投票活动和执法检查。大多数公众的主张和诉求集中在公共环境卫生、城市规划管理、公用事业管理、生态环境保护等领域，在这些领域的主动参与意愿也较强。2002 年 10 月，贵阳市政府规划部门就当时全省最大的住宅小区规划方案举办了一次公众投票活动，明确规定投票结果将作为方案投标评选的一个重要权重因子，这次投票活动最后参与的人数达到了 6 万多人。2008 年 3 月，浙江省嘉兴市来自社会各阶层（包括大专院校的教师、学生、社区居民、外来务工人员、机关干部）的 200 名成员组建成市民环保检查团，负责跟随环保执法人员开展执法检查并对重点检查哪些企业拥有"点单权"，迄今为止，该市开展"点单式"环保执法检查 50 余次，参与人数近 3000 人次。①

案例二：专业人士参与的规划论证与评估。2005 年 3 月，兰州大学客座教授张正春在媒体上公开质疑北京圆明园正在实施的防渗工程破坏园

---

① 刘毅：《参与环保公众有了否决权》，《人民日报》2010 年 11 月 25 日。

林生态,立即引起社会舆论的强烈反响。随后,该项目因未作环评报告、未经环保审批即擅自开工建设被责令叫停,并由此引发了当时的国家环保总局首次举行的环境评价公众听证会。时任副局长潘岳指出,环境保护要实现科学决策、民主决策、依法决策,就必须充分听取公众的意见和建议。这次事件不仅推动圆明园湖底防渗工程最终实施整改,还对《环境影响评价公众参与暂行办法》的制定和出台发挥了积极作用。① 2008 年 9月,江西省委在第十二次党代会上提出实施"生态立省、绿色发展"战略部署,审议通过《鄱阳湖生态经济区规划》,提出将鄱阳湖生态经济区建设作为贯彻落实科学发展观的总抓手和切入点。在科学制定规划过程中,有效保障公众参与规划过程,充分听取专家意见。将世界顶尖规划设计方案与公众利益诉求结合起来,有效保障了城市规划的科学性与民主性。与此同时,还科学引导公众参与鄱阳湖生态经济区建设,充分保障公众知情权、参与权与监督权。

(二) 冲突表达方式的形成机制及案例

在现代公共管理过程中,公共部门代表公众利益,制定公共政策的过程必然需要引入公众参与其中,以确保其政策能够真实反映公众利益偏好,满足公众需求。然而,技术、财政预算以及政策法规等决策质量强约束往往在政策制定之初便将公众排斥在外,而信息技术的发展为公众提供了获取此类政策的有效途径。而公共部门对公众偏好的信息掌握往往存在偏差。在公共部门掌握真实、准确的偏好信息情况下,公众接受性的依赖程度将对该类政策是否需要公众参与起到决定性作用。如果决策执行对公众接受性的依赖程度不高,那么公共部门通过改良自主管理决策便可以有效执行决策而无须考虑公众参与此类决策。但如果决策执行依赖于公众,那么便会导致参与过程的冲突,进而影响决策的有效执行。同时,在政府掌握公众偏好信息程度较高的情况下,一旦政策问题被结构化,那么在政策执行对公众接受性的依赖程度较低的情况下,同样会导致公众对此类公共决策的冲突表达,具体表现在对此类公共政策采取漠视、不合作的态度。民众参与冲突表达方式的形成机制如图 8 - 2 所示。

---

① 曹俊:《参与见证进步民意影响决策——近年来公众参与环评十大事件评析》,《中国环境报》2010 年 2 月 22 日。

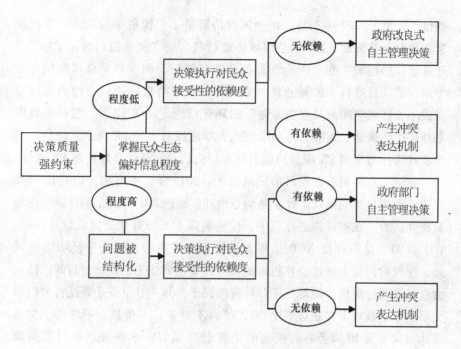

图 8 - 2　民众参与冲突表达方式的形成机制

　　这里主要以 PX 项目引发的民众冲突表达参与为例。近年来，地方政府上马 PX 项目遭到公众普遍反对。公众普遍以冲突表达方式参与其中。2000 年以前，发展比较缓慢，但供需关系相对平衡。2012 年，中国对 PX 的实际需求达 1385 万吨，已经成为全球最大的 PX 消费国，占全球消费量的 32%，但中国 PX 的总产能仅为 880 万吨，自给率只有 63%。因此，地方政府普遍将 PX 项目作为平衡供需关系、拉动地方经济发展的重要项目，为其引进提供财政、土地等政策支持。但是由于此类公共政策事前的民众参与程度较低，社会公众对 PX 项目的了解不多，加之 PX 项目审批或者建成后环境纠纷不断，甚至在有些地方出现了大规模群体性事件。民众对 PX 项目的不安和反感，也是对地方政府部门忽视民众知情权、表达权、参与权的不满。

　　案例一：厦门 PX 项目的民众反对。2006 年，厦门市引进一项总投资额 108 亿元人民币的 PX 项目，它成为厦门市有史以来引进的最大的工业项目。由于项目选址位于人口稠密的海沧区，项目 5 公里半径范围内人口超过 10 万，厂区与居民区最近接触距离仅为 1.5 公里，厂区距鼓浪屿名胜仅5公里。2007年3月,由全国政协委员、中国科学院院士、厦门大学教授赵玉芬发起、105名全国政协委员联名的"关于厦门海沧PX项目迁址建议的提案"在"两会"期间公布。随后,国家环保总局组织各方专家对该项目进行全区域总体规划环评,最终得出"厦门市海沧南部空间狭小,区域空间布局存在冲突"的环评结论。同年12月,厦门市政府举办市民座谈会,大部分与会市民代表强烈反对上马PX项目。之后,福建省政府针对厦门PX项目问题召开专门会议,并最终决定迁建PX项目。

案例二:昆明石化项目的民众抵制。2013年,中石油云南石化1000万吨炼油项目遭到民众质疑。昆明当地环境组织对安宁石化项目进行现场调查并认为,在项目推进过程中,信息披露不充分并缺乏民众信息沟通。4月27日,昆明环保NGO工作人员指出,该项目选址位于昆明市上风处,废气将污染主城区,并指出抗议最终要达到让工厂改址的目的。随后大量民众通过短信、微博等平台号召市民于5月4日下午于新昆百大门口文明站立,戴口罩并在口罩上画"X",不言论、不争执、不堵路,文明表达对家乡昆明的爱心,抵制安宁炼油厂项目。事前政府部门虽采取"打字复印实名制"、"购买口罩实名制"、"禁止销售白色T恤衫"等措施,但并未有效阻止事态的进一步发展。5月4日,大量昆明市民走上昆明街头和平抗议该项目上马。面对昆明市民的抗议,昆明市市长李文荣承诺"大多数群众说不上,市人民政府就决定不上"。然而,昆明市应对此次危机所采取的"打字复印实名制"、"购买口罩实名制"、"禁止销售白色T恤衫"等措施遭到了《人民日报》、《光明日报》等主流媒体的质疑与反对。

二　重视生态诉求的有效回应

民众对生态的合理诉求不仅能够准确代表公众利益,而且能够准确界定区域生态问题。在公共决策法制化的前提下,充分尊重公众对生态的合理诉求能够有效促进公共部门政策制定的目标、价值、策略代表公众利益,满足公众需求,进而推动公共决策的科学化、民主化进程。因此,要在避免产生合法性危机的基础上创新社会治理方式,有效缩短治理能力与治理需求的差距。在完善的法律法规体系下,通过推进环境保护信息公开,畅通公众环保诉求表达渠道。

（一）创新社会治理方式

生态环境往往被视作一种公共物品或公共资源，人们普遍认为私人部门或市场对该类物品或资源进行配置不可能达到帕累托最优，这就为政府垄断经营该类公共物品或资源提供了有力的证据。政府自然地被视作生态治理的核心主体，政府干预亦被视作生态治理的最有效的手段。然而，"公共地悲剧"的客观存在对传统自然资源治理工具或模式提出了足以推翻其内在逻辑的有力悖论。

生态环境属性认识的提升将生态环境视作一种生产力，打破了对生态环境属性的传统认识，冲破了对该类公共物品有效供给与治理的理论桎梏，积极进入市场机制，鼓励社会公众参与生态治理，逐步形成由政府、企业、社会、民众等共同参与的开放式治理，它已成为创新社会治理方式在生态文明建设领域的重要体现。简言之，它通常以自我实现和持续发展为价值导向，从社会需求与政府回应，形成以政府、企业、社会组织和公民的多元治理主体，遵循政府主导、企业融入、社会组织协调、公民参与的角色定位。在社会治理中实现一种民主参与、决策透明、交互回应的网络组织运作模式。①

生态文明建设是一个不断变化、内容繁杂、跨区域的综合系统。静止的、片面的、孤立的治理方式只能导致制度失败并陷入"改革—失败—再改革"循环往复的"改革谚语"中。特别是生态环境保护的跨区域性特征，决定了府际间关系协调的必要性，因此，开放式治理在强调不同参与类型与责任功能的同时，更加注重参与治理方式与行动次序的协同性。

（二）畅通诉求表达渠道

在"政府主导、企业融入、社会组织协调、公民参与"的生态治理框架中，公众监督对生态问题具有直接性、针对性、普遍性的基本特征。公众监督成为生态保护最直接、最有效的监督手段。同时，公众监督也是保障公民知情权、监督权的重要表现。有效的公众监督依赖于畅通的公众诉求表达渠道。保障公众诉求表达渠道的畅通不仅需要公共部门提高生态环保信息透明度，主动及时公开环境信息，还需要健全法律法规、创新体制机制，有效保障公民知情权与监督权。

---

① 申振东、龙海波：《生态文明城市建设与地方政府治理——西部地区的现实考量》，中国社会科学出版社 2011 年版，第 129 页。

一是拓展民众参与渠道扩大媒介沟通平台。成立公民服务中心，主要承担与公民打交道、倾听公民诉求的职能。通过大力宣传生态文明城市建设方面的法规、政策，制作各种宣传推介手册，使得地方政府的生态执政理念逐渐被广大民众所接纳、认同。加强与其他社会组织、企业、社会媒体、共青团组织等的密切沟通，真正从公民切实参与实际出发，进而营造一个更为广泛的社会服务中心。整合电子网络窗口，加快推进公民参与网络讨论、民主投票的信息化建设。根据公民参与生态文明城市建设的不同方式，将其分为政策建议、决策咨询、民意调查、问题投诉、服务请求五个类别，针对不同的参与窗口，充分调动相关政府行政部门的办事处理的积极性，把多种渠道的信息汇总成一个中心，实现网络平台的"一条主线、不同端口、分类联网"的交互式分布，突破以往传统互联网的单向沟通渠道，扩大了网络媒介的传播力度。

二是创新信息公开制度疏通公众监督信息源。及时、准确的信息公开有利于公众准确了解、科学参与、有效监督政策过程，推动公共决策的科学化、民主化进程。避免因"政策黑箱"造成舆情、社情危机。创新信息公开制度，一方面，需要建立重大问题通报制度，通过电视广播、网络等传播媒介与公众开展积极有效的互动；另一方面，需要对办事的制度、程序与结果三公开，保障新闻舆论监督渠道畅通。① 在增强公众参与政策过程的意识的同时提高公众参与政策过程的水平也是畅通公众诉求渠道的一个关键因子。

三是健全法律法规体系联通公共利益与权利。健全的法律法规体系既能够有效约束公众行为确保公共利益最大化，更能够充分保护公众参与政策过程的权利不受侵犯。打破政府主导、社会制衡、社会监督边缘化的环保事业发展格局，需要通过健全法律法规体系，建立公益诉讼制度赋予一切单位和个人基本诉讼权利，推动环境公益诉讼事业发展。

第四节　贵州生态文明建设的路径依赖

从中长期背景来看，当前中国仍然处于"三期叠加"时期，经济转型的任务还没有完成，产能过剩、房地产泡沫、财政金融风险等问题依然

---

① 陈振明：《公共管理学》，中国人民大学出版社 2005 年版，第 273 页。

突出，新的增长动力和增长模式也有待形成。对于处在这一时期的贵州而言，经济社会发展也会面临类似的问题，解决这些问题的关键还是要转变经济发展方式。近年来，贵州生态资源良好、生态文明建设起步早，具有较好的后发优势。在生态文明建设的路径选择中，同样离不开倒逼式变革、自主性改革和表达式参与三种模式。总体来看，在生态文明建设的不同阶段，三种模式具有各自相应特点，具有不同的次序安排。今后一个长远时期，生态文明建设将在"绿色经济、政府治理、全球合作"框架中深化变革，实现生态文明理念和形式上的创新。

一　三种模式的比较

生态文明建设离不开其生态环境危机的倒逼式变革、实现永续发展的自主性改革和民众生态诉求的表达式参与三种模式。它们并非同时作用于生态文明建设的每一个阶段。在生态文明建设的不同阶段，三种模式表现出不同的次序安排。因此，有必要厘清三种模式的侧重点并对城市价值实现方式进行比较。

（一）各自的侧重点与城市价值实现方式

倒逼式变革是一种问题导向性的被动式改革路径。该模式体现了"不到万不得已，不得不改"或"问题发生，方寻对策"的被动改革思维，是一种事后补救的改革方式。在经济发展"旧常态"中，GDP 增速是衡量政府绩效的唯一标准。粗放型的工业化、城镇化发展模式在快速提升 GDP 增速的同时严重影响了生态环境。生态环境的承载能力难以支撑人类社会的进一步发展，生态危机已经成为威胁人类生存、发展的首要障碍。生态环境并非阻碍经济增长的包袱而是有效的生产力，更是一种需要政府向公众提供的最普惠的公共产品。在生态危机倒逼下，中国探索经济发展"新常态"。以高效率、低成本、可持续的中高速增长为目标，通过经济结构调整实现经济社会与生态环境的协调发展。经济发展"新常态"固然能够化解经济发展与生态保护的矛盾。但是，"旧常态"所造成的资源枯竭、生态破坏等严重问题的修复会付出更大的代价。可以说，倒逼式变革是改革的常态，自下而上的问题反馈能够避免问题失真，自上而下的及时有效的补救同样能够达到改革的目的。

自主性改革是一种制度的自我修正与完善。它主要依托于"顶层设计"的预见性与"试错式改革"的承受力。一方面，西方国家"先污染、后治理"的掠夺式发展模式造成的生态危机与经济衰退,为顶层设计提供了历史参照。片面追求经济增速而无视生态环境承载力,既违背了公共伦理,也会使我国陷入"发展怪圈"。片面地将 GDP 增速作为考核唯一指标是一种狭隘的发展观。人们逐渐认识到,生态环境作为一种生产力不仅能够有效促进经济社会的可持续发展更能够为经济社会发展带来不可替代的红利。另一方面,政府对"试错式改革"的承受力也会对自主性改革产生重要影响。因为自主性改革只有历史参照与现实依据,而没有现实模式可供公共部门在政策过程中参考,它既需要顶层设计者为"试错式改革"创造宽松的政策环境,承受"试错式改革"带来的阵痛,更需要社会民众用发展的眼光看待"试错式改革",为自主性改革创造良好的社会舆论。

表达式参与是社会民众参与公共政策的重要过程,也是新公共管理理论的新范式。从政府层面看,有效的民众参与,取决于决策质量约束度、政府掌握公众偏好信息程度、问题结构化程度、公众接受性、诉求与政策目标一致性等因素。从社会层面看,有效的民众参与,取决于法律制度的完善、政策信息的公开透明、公众积极的参与意识等因素。表达式参与能够自下而上地反映实际问题,使得政府部门政策制定能够符合公共利益。

(二) 不足之处评述

首先,生态环境危机的倒逼式变革不具有前瞻性,在问题导向下的事后补救往往会造成自然资源、政策资源等的极大浪费进而影响经济社会的稳定发展。其次,实现永续发展的自主性改革需要具有准确预见性的顶层设计,并且具有试错性的探索式改革。由于社会系统的复杂性、变化性约束,容易导致改革目标偏离发展实际,同时需要耗费较多的政策资源。在一定程度上,自主性改革决策具有不可逆性。最后,民众生态诉求的表达式参与由于受到决策质量约束,部分涉密政策信息不可能完全公开,民众易受直观因素、舆论导向影响,加之民众参与水平参差不齐,有可能会导致民众参与冲突表达。

二 贵州生态文明城市价值实现选择

受自然资源禀赋约束与经济发展"旧常态"思维的影响,长期以来,贵州省处于产业结构不够优化、经济增长方式比较粗放、科技创新能力较弱、GDP 能耗较高的落后状态。为实现全面建成小康社会的战略目标,近年来，贵州省坚持走符合生态文明发展的新型工业化和新型城镇化道路，探索形成节约能源资源和保护生态环境的产业结构、增长方式和消费模式，生态文明城市建设取得了由点到面的重大突破，这些都得益于地方政府治理理念和治理能力的提升。

（一）宏观性总结模式：三种模式的结合

生态文明城市建设是践行科学发展观、实现美丽中国的具体表现，也是贵州立足城市发展、顺应时代潮流、发挥比较优势的理性选择。贵州资源丰富、环境优美，但总体上生态环境十分脆弱，极易受到破坏而很难修复。因此，需要通过自主性改革来强化生态文明观念，形成节约资源能源、保护生态环境的产业结构、增长方式和消费模式。同时还要在经济发展中通过问题倒逼改革，以"高效率、低成本、可持续"的中高速增长为目标，通过经济结构调整实现经济社会与生态环境的协调发展。此外，还要构建民众生态诉求的表达式参与机制，切实提高生态产品资源的合理配置效率。通过广大民众的广泛参与，不断发现问题、矛盾，并以此倒逼改革。在参与中表达利益诉求以提升顶层设计的预见性，使自主性改革能够充分代表民意，符合公众诉求，维护公共利益。与此同时，倒逼式变革、自主性改革对公众参与政策过程的依赖，也将有利于提升公众参与能力和水平，不断推进政府决策的科学化、民主化。

（二）不同历史阶段的次序安排

第一阶段的次序安排（1950—1978年）。从新中国成立到改革开放之前，是贵州省城镇化建设的第一阶段。这一阶段，贵州省城镇化水平由1952年的7.98%上升到1978年的12.59%，维持了较低水平的发展。受顶层设计的不确定性以及"左"的思潮影响，"大跃进"运动严重影响了经济社会的正常秩序和客观发展规律，造成了资源、能源的极大浪费，城市生态也开始遭到破坏，生态危机初现端倪，经济发展与环境保护矛盾凸显，成为下一阶段改革的主要障碍，为形成生态环境危机的倒逼式变革预留了空间。

第二阶段的次序安排（1979—1999年）。党的十一届三中全会后，全党工作重心逐步转移到经济建设上来，客观上促进了全国城镇化的发展。进入20世纪90年代以后，贵州省委、省政府相继作出了一系列加快城镇建设、推进城镇化的决定。通过打破户籍限制、推行市管县体制，全省城镇人口出现稳步增长，城镇化水平不断加快，城镇化水平由1978年的

12.59%上升到 1999 年的 19.1%，快速推进的城镇化进程加剧了人口、资源、环境之间的紧张关系。因此，在资源趋紧、生态破坏、人口增长过快、贫困人口上升等问题的倒逼下，贵州以"开发扶贫、生态建设、人口控制"为主题，开始了毕节综合试验区的最初探索。这一阶段，通过倒逼式变革，生态治理取得了一系列成效，生态文明城市建设也初具规模。毕节试验区的经济效益、生态效益、社会效益明显提升，对生态文明城市建设的自主性改革提供了具有前瞻性的重要依据。

第三阶段的次序安排（2000—2014 年）。进入新世纪以来，贵州城镇化进程进一步平稳发展，具体表现在城镇化增速较快、自主性与可持续性较强。2013 年，贵州省的城镇化水平提升到 38.2%，生态文明城市建设取得了重大进展。从生态文明建设的先行区——毕节试验区，到生态文明建设的纵深地——贵阳生态文明城市，再到生态文明建设试验田——黔东南生态文明建设试验区，初步形成了由点、面结合的贵州生态文明建设空间布局。在城市价值实现路径上，逐步实现由倒逼式变革向自主性改革的转变。当然，不同地方也具有各自不同的转变特点，有的地方以倒逼式变革为主，有的地方处在两种路径结合的过渡阶段，有的地方已经把推进生态文明建设重点放在自主性改革上。与此同时，民众的积极广泛参与也为自主性改革的顺利推进奠定了良好基础。特别是依托"生态文明贵阳国际论坛"，在汲取世界生态文明建设先进成果的同时，积极动员广大民众参与生态文明建设，宣传贵州生态文明建设的最新成果，赢得广泛的社会共识。贵州省生态文明建设已经呈现倒逼式变革有序推进、自主性改革有效实施、公众广泛参与的良好互动局面。

结束语:走向生态文明发展新时代

改革开放以来,中国发生了人类历史上规模最大、速度最快的"五化"(工业化、城镇化、信息化、国际化、基础设施现代化)①,经济增速长期保持在8%以上的高速增长,已经成为世界第二大经济体。当前,我国进入经济发展新常态,经济韧性好、潜力足、回旋空间大。但同时也要看到经济发展新常态下出现的一些趋势性变化使经济社会发展面临不少困难和挑战,比如,生产要素供给的条件性约束增强、市场需求的传统性领域收窄、技术进步的扩张步伐减缓。因此,必须主动适应经济发展新常态,把转方式、调结构放到更加重要位置,狠抓改革攻坚、突出创新驱动,特别是在生态文明建设等重点改革领域实现新突破。今后较长一个时期,必须在新常态的宏观背景下,牢固树立生态文明理念,重视经济增长质量,创新社会治理方式,在共同借鉴、互利合作中走向生态文明发展新时代。

总体来看,生态文明建设将作为一条"纽带"贯穿于中国特色社会主义道路中。将经济建设、政治建设、文化建设、社会建设紧密联系起来,形成一个有机整体,在"五位一体"总体布局中发挥更加关键的基础作用。其一,生态文明建设将成为经济转型的主攻方向。通过推动产业转型升级、加快创新驱动步伐,进一步缓解资源环境压力,使得经济增长更具有可持续性。其二,生态文明建设将成为政治体制改革的重要突破口。通过不断加强生态文明建设顶层设计,完善生态文明制度体系,努力让广大民众广泛参与民主决策过程中,同时实现对有关环境公共政策执行的民主监督。其三,生态文明建设将成为改善民生的重要举措。它将为广大民众提供良好的生态环境产品,不断满足更高的物质和精神需求。其

---

① 胡鞍钢:《2020 中国全面建成小康社会》,清华大学出版社 2012 年版,第 37 页。

四，生态文明建设将成为先进文化的重要表现形式。它将在继承传统文化精髓的基础上，通过文化产业发展得到进一步表现。

今后一个时期，生态文明建设将在经济发展的新常态中不断完善。中国经济运行进入了以高效率、低成本、可持续的中高速增长的发展新阶段，并保持不可逆的新常态趋势。"区间调控"与"定向调控"作为宏观调控的新方式，将打破"唯 GDP 论"的经济发展模式并倒逼产业结构优化升级，促使发展转向创新驱动，长期积累的各种深层次矛盾将逐步化解。在新常态下，经济增速将放缓并趋于合理区间，由此带来的"旧常态风险显性化"将是不可避免的发展趋势。通过划定生态红线、改革"唯 GDP 论"、强化生态保护底线意识，将作为宏观调控思路的硬性约束，逐渐从"事后补救"的危机治理模式转变为更具预见性的底线、红线约束预警。宏观调控思路与方式的创新，将有效促进经济发展方式的"绿色变革"。这一深刻变革必将有效推进中国成为绿色发展的"创新国、引领国、最大贡献国"。[①]

今后一个时期，生态文明建设将在公共部门社会治理创新中有效推进。从治理工具上看，"利用控制来实现效率"的传统治理工具会不断发展与完善。比如，统一监管的污染物排放管理制度体系、完备齐全的污染物排放许可制度和生态污染破坏赔偿制度等。通过传统治理工具的硬性约束，充分凸显生态文明建设中的政府作用。还应看到，"利用激励来实现效率"的新型治理工具也将初露头角并逐渐推广。比如，重视环保市场建设、推行排污权交易、建立环境信息监测发布制度等。这些新的治理工具将在提供生态环保"负激励"、约束企业行为自律等方面发挥重要作用。与此同时，也为广大民众有效参与生态治理提供"正激励"。

今后一个时期，生态文明建设将在促进可持续发展的国际合作中不断深化。中国将继续通过"贵阳生态文明国际论坛"等形式交流分享生态文明建设经验，促进可持续发展的国际交往合作，在公共部门、私营部门、社会民众中倡导生态意识并将其融入生产生活全过程。中国将继续秉承对人类共同负责和人类间相互包容的态度，秉持"平等、互助、合作、共赢"的宗旨，加强绿色科技国际交流，进一步扩大绿色产业国际合作，

---

① 胡鞍钢:《2020 中国全面建成小康社会》，清华大学出版社 2012 年版，第 40 页。

实现各国共同绿色发展。中国将以生态文明建设为载体,主动搭建技术交流、合作、沟通的平台,积极推进全球环境治理,使之在世界范围内凝聚生态文明的新共识,为全球的可持续发展做出新贡献。

主要参考文献

第一部分：图书著作类

[1]《马克思恩格斯全集》（第 25 卷），人民出版社 1974 年版。

[2]《马克思恩格斯全集》（第 42 卷），人民出版社 1979 年版。

[3]［德］恩格斯：《自然辩证法》，人民出版社 1971 年版。

[4]［德］马克思：《1844 年经济学哲学手稿》，人民出版社 2000 年版。

[5]《简明社会科学词典》，上海辞书出版社 1984 年版。

[6] 陈振明：《公共管理学》，中国人民大学出版社 2005 年版。

[7] 付强：《数据处理方法及其在农业中的应用》，科学出版社 2006 年版。

[8] 国务院发展研究中心、壳牌国际有限公司：《中国长期能源发展战略研究》，中国发展出版社 2014 年版。

[9] 胡鞍钢：《2020 中国全面建成小康社会》，清华大学出版社 2012 年版。

[10] 李晓西等：《2010 中国绿色发展指数年度报告——省际比较》，北京师范大学出版社 2010 年版。

[11] 申振东、龙海波：《生态文明城市建设与地方政府治理——西部地区的现实考量》，中国社会科学出版社 2011 年版。

[12] 唐小平、黄桂林、张玉钧：《生态文明建设规划：理论、方法与案例》，科学出版社 2012 年版。

[13] 谢季坚、刘承平：《模糊数学方法及其应用》，华中科技大学出版社 2000 年版。

[14] 王建芬、许树柏：《层次分析法引论》，中国人民大学出版社 1990 年版。

［15］魏彦杰：《基于生态经济价值的可持续经济发展》，经济科学出版社 2008 年版。

［16］严耕等：《中国省域生态文明建设评价报告 2013》，社会科学文献 出版社 2013 年版。

［17］余谋昌：《生态文明论》，中央编译出版社 2010 年版。

［18］张军扩、余斌、吴振宇等：《追赶接力：从数量扩张到质量提升》， 中国发展出版社 2014 年版。

［19］张录强：《循环经济的生态学基础：自然科学与社会科学的整合》， 人民出版社 2007 年版。

［20］张清宇、秦玉才、田伟利：《西部地区生态文明指标体系研究》，浙 江大学出版社 2011 年版。

［21］张曾科：《模糊数学在自动化技术中的应用》，清华大学出版社 1997 年版。

［22］卓泽渊：《法的价值论》，法律出版社 2006 年版。

第二部分：学术期刊类

［1］Hubacek K., Giljum S. Applying physical input-output analysis to estimate land appropriation (ecological footprints) of international trade activities ［J］. Ecological Economics, 2003, 44 (1).

［2］Luck M. A., Jenerette G. D., Wu J., et al. The urban funnel model and the spatially heterogeneous ecological footprint［J］. Ecosystem, 2001, 4(8).

［3］Van Vuuren D. P., Bouwman L. F. Exploring past and future changes in the ecological footprint for world regions ［J］. Ecological Economics, 2005, 52 (1).

［4］蔡永海、谢滟檬：《我国生态文明制度体系建设的紧迫性、问题及对 策分析》，《思想理论教育导刊》2014 年第 2 期。

［5］曹利江、金均：《浙江省实施绿色发展的基础与战略分析》，《环境污 染与防治》2014 年第 2 期。

［6］陈静、曾珍香：《社会、经济、资源、环境协调发展评价模型研究》， 《科学管理研究》2004 年第 3 期。

［7］陈晓红：《以"两型社会"建设改革推进生态文明建设工程的实践与

思考》,《中国工程科学》2013 年第 11 期。

[8] 陈玉娟、查奇芬、黎晓兰:《熵值法在城市可持续发展水平评价中的
应用》,《江苏大学学报》2006 年第 5 期。

[9] 高国力:《美国区域和城市规划及管理的做法和对我国开展主体功能
区划的启示》,《中国发展观察》2006 年第 11 期。

[10] 高红贵:《关于生态文明建设的几点思考》,《中国地质大学学报》
(社会科学版)2013 年第 9 期。

[11] 高建中:《生态思维与生态民主》,《北京林业大学学报》(社会科学
版)2010 年第 1 期。

[12] 郭显光:《改进的熵值法及其在经济效益评价中的应用》,《系统工
程理论与实践》1998 年第 12 期。

[13] 郝春新、戴国辉:《生态文明城市建设的路径探析——以河北省唐
山市为例》,《人民论坛》2013 年第 3 期。

[14] 胡安水:《生态价值的含义及其分类》,《东岳论丛》2006 年第 2 期。

[15] 黄德林、陈宏波、李晓琼:《协同治理:创新节能减排参与机制的
新思路》,《中国行政管理》2012 年第 1 期。

[16] 吉志强:《试论社会主义生态文明的特征及其价值导向》,《山西师
大学报》(社会科学版)2011 年第 2 期。

[17] 江川、王之明、黄文琥:《贵州省生态文明建设现状与对策》,《中
国环境监测》2014 年第 6 期。

[18] 姜晓萍:《国家治理现代化进程中的社会治理体制创新》,《中国行
政管理》2014 年第 2 期。

[19] 李冰强:《循环经济发展中的公众参与:问题与思考》,《中国行政
管理》2008 年第 12 期。

[20] 李波:《贵州省生态文明城市建设发展态势思考》,《贵州大学学报》
(社会科学版)2011 年第 5 期。

[21] 李波、杨明:《贵州生态建设评价指标体系研究》,《贵州大学学报》
(社会科学版)2007 年第 6 期。

[22] 李国平:《完善我国矿产资源有偿使用制度与生态补偿机制的几个
基本问题》,《中共浙江省委党校学报》2011 年第 5 期。

[23] 李海龙:《中国生态城建设的现状特征与发展态势——中国百个生
态城调查分析》,《城市发展研究》2012 年第 8 期。

［24］李琴：《绿色消费——生态价值回归的必然选择》，《生产力研究》
　　 2012 年第 12 期。

［25］李旭：《后主体性哲学视野下的生态文明——论生态文明的哲学定
　　 位和四个层次》，《中国浦东干部学院学报》2010 年第 6 期。

［26］连玉明、王波：《基于城市价值的中国低碳城市发展模式》，《技术
　　 经济与管理研究》2012 年第 5 期。

［27］刘珊、梅国平：《公众参与生态文明城市建设有效表达机制的构
　　 建——基于鄱阳湖生态经济区居民问卷调查的分析》，《生态经济》
　　 2014 年第 2 期。

［28］刘胜康：《中西方对人与自然和谐相处的哲学思考》，《贵州民族学
　　 院学报》2006 年第 6 期。

［29］刘霞：《公共危机治理：理论建构与战略重点》，《中国行政管理》
　　 2012 年第 3 期。

［30］刘洋、蒙吉军、朱利凯：《区域生态安全格局研究进展》，《生态学
　　 报》2010 年第 24 期。

［31］吕福新：《绿色发展的基本关系及模式——浙商和遂昌的实践》，《管
　　 理世界》2013 年第 11 期。

［32］马道明：《生态文明城市构建路径与评价体系研究》，《城市发展研
　　 究》2009 年第 10 期。

［33］马克明、傅伯杰等：《区域生态安全格局：概念与理论基础》，《生
　　 态学报》2004 年第 4 期。

［34］马勤、刘青松：《推进新型工业化，加快株洲产业转型——基于生
　　 态文明建设的视角》，《科技管理研究》2014 年第 3 期。

［35］梅国平、甘敬义、朱四荣：《生态文明建设中公众参与机制探
　　 索——以江西鄱阳湖生态经济区为例》，《江西社会科学》2013 年第
　　 8 期。

［36］穆泉、张世秋：《2013 年 1 月中国大面积雾霾事件直接社会经济损
　　 失评估》，《中国环境科学》2013 年第 11 期。

［37］牛季平：《绿色建筑与城市生态环境》，《工业建筑》2009 年第
　　 12 期。

［38］乔家明、许叔明：《区域可持续发展度量方法比较分析》，《地域研
　　 究与开发》2003 年第 4 期。

[39] 申振东、乔姗姗:《民族文化力:工业—生态有效耦合的基点——基于贵州省的实证辨析》,《贵州民族研究》2014 年第 4 期。

[40] 申振东、唐子惠:《生态文明城市的经济价值研究初探》,《贵州大学学报》(社会科学版) 2012 年第 1 期。

[41] 申振东、朱文龙:《建立生态文明城市管理动力系统意义研究——以贵阳市为例》,《技术经济与管理研究》2011 年第 7 期。

[42] 石培新:《对贵州生态文明建设的几点思考》,《贵州师范学院学报》2010 年第 2 期。

[43] 史永铭、高立龙:《大力发展低碳经济加快生态文明建设》,《区域经济与产业经济》2010 年第 8 期。

[44] 唐国战:《低碳绿色消费方式的哲学思考》,《河南师范大学学报》2010 年第 7 期。

[45] 唐庆鹏、钱再见:《公共危机治理中的政策工具:型构、选择及应用》,《中国行政管理》2013 年第 5 期。

[46] 王丹、路日亮:《中国城镇化进程中的生态问题探析》,《求实》2014 年第 5 期。

[47] 王金南、蒋洪强等:《迈向美丽中国的生态文明建设战略框架设计》,《环境保护》2012 年第 23 期。

[48] 王金水:《生态文明的时代价值辨析》,《当代世界与社会主义》2009 年第 2 期。

[49] 王世柱、申振东:《论生态文明城市法律价值冲突及解决原则》,《贵州师范学院学报》2011 年第 11 期。

[50] 王晓明、张婷等:《鄱阳湖生态经济区生态化评价及其对策研究》,《人民长江》2013 年第 11 期。

[51] 王学荣:《通融与耦合:中国梦战略与生态文明理念关系探微》,《中国矿业大学》(社会科学版) 2013 年第 4 期。

[52] 王学荣:《论中国式生态生产力构建的基本路径》,《中州学刊》2014 年第 2 期。

[53] 王应明、傅国伟:《主成分分析在有限方案多目标决策中的应用》,《系统工程理论方法应用》1993 年第 2 期。

[54] 魏媛、吴长勇:《基于生态足迹模型贵州省生态可持续性动态分析》,《生态环境学报》2011 年第 20 期。

［55］吴寒冰、张学玲、王恕立：《生态文明视野下主导产业成长机制构建——以鄱阳湖生态经济区为例》，《江西社会科学》2013 年第 11 期。

［56］吴守蓉、王华荣：《生态文明建设驱动机制研究》，《中国行政管理》2012 年第 7 期。

［57］熊必军：《发展低碳经济建设生态文明》，《理论探讨》2010 年第 6 期。

［58］徐猛：《社会治理现代化的科学内涵、价值取向及实现路径》，《学术探索》2014 年第 5 期。

［59］郇庆治：《社会主义生态文明：理论与实践向度》，《江汉论坛》2009 年第 9 期。

［60］严耕、林震、吴明红：《中国省域生态文明建设的进展与评价》，《中国行政管理》2013 年第 10 期。

［61］杨继瑞、黄潇、田杰：《生态文明建设的若干思考与对策》，《经济社会体制比较》2013 年第 5 期。

［62］杨立华、张云：《环境管理的范式变迁：管理、参与式管理到治理》，《公共行政评论》2013 年第 6 期。

［63］杨世琪、王国升：《区域生态经济系统协调度评价研究》，《农业现代化研究》2005 年第 7 期。

［64］姚毓春：《低碳经济观念与生态文明价值建构》，《北方论丛》2012 年第 5 期。

［65］尹荣尧、孙翔、朱晓东：《中国快速城市化的资源保障隐忧、生态困境与对策》，《现代经济探讨》2014 年第 2 期。

［66］俞慈珍：《扩大公民有序政治参与的现实意义及路径依赖》，《中国行政管理》2008 年第 3 期。

［67］张高丽：《大力推进生态文明，努力建设美丽中国》，《求是》2013 年第 24 期。

［68］张欢、陆奇斌、王新松：《社会管理创新路径研究》，《中国行政管理》2012 年第 1 期。

［69］张廷广：《生态文明建设的根本价值理念是"以人为本"》，《今日中国论坛》2013 年第 17 期。

［70］张霞：《贵州从工业文明向生态文明跨越的机遇和挑战》，《北方经济》2008 年第 20 期。

[71] 赵凌云、常静:《中国生态恶化的空间原因与生态文明建设的空间对策》,《江汉论坛》2012 年第 5 期。

[72] 镇常青:《多目标决策中的权重调查确定方法》,《系统工程理论与实践》1987 年第 2 期。

[73] 中国社会科学院工业经济研究所课题组:《"十二五"时期工业结构调整和优化升级研究》,《中国工业经济》2010 年第 1 期。

[74] 周宏春:《关于生态文明建设的几点思考》,《中共中央党校学报》2013 年第 6 期。

[75] 周生贤:《走向生态文明新时代——学习习近平同志关于生态文明建设的重要论述》,《求是》2013 年第 17 期。

[76] 周文华、王如松:《基于熵权的北京城市生态系统健康模糊综合评价》,《生态学报》2005 年第 12 期。

第三部分:报纸杂志类

[1] 本刊评论员:《良好生态环境是最普惠的民生福祉》,《光明日报》2014 年 11 月 7 日。

[2] 曹俊:《参与见证进步民意影响决策——近年来公众参与环评十大事件评析》,《中国环境报》2010 年 2 月 22 日。

[3] 黄相怀:《培育良好社会心态,营造良好社会氛围》,《光明日报》(理论版)2013 年 1 月 22 日。

[4] 刘毅:《参与环保公众有了否决权》,《人民日报》2010 年 11 月 25 日。

[5] 朱相远:《建设美丽中国的科学指南——学习习近平同志关于生态文明重要讲话中的哲学思想》,《北京日报》2014 年 5 月 12 日。

第四部分:电子媒介类

[1]《2013 贵阳共识》,2013 年 7 月 22 日。
http://www.gz.xinhuanet.com/2013 – 07/22/c_ 116633833_ 2.htm

[2]《中新天津生态城 可持续发展的示范之城》,2009 年 1 月 11 日。
http://news.enorth.com.cn/system/2009/01/11/003859429.shtml

［3］任重：《县域生态文明建设的安吉实践》，2013 年 2 月 22 日。
http：//www. gmw. cn/xueshu/2013 – 02/02/content_ 6602022. htm

［4］翁伯琦、张伟利：《区域生态文明建设与资源环境有效管理》，
2014 年 5 月 16 日。http：//www. qstheory. cn/zoology/2014 – 05/16/
c_ 1110719619. htm

第五部分：学位论文类

［1］何谋军：《贵州区域生态环境与经济发展的协调度和协调发展类型研
究——以遵义市为例》，硕士学位论文，贵州师范大学 2003 年。

［2］李艳：《环境——经济系统协调发展分析与评价研究》，硕士学位论
文，河北工业大学 2002 年。

［3］廖海伟：《生态文明城市指标体系研究》，硕士学位论文，北京林业
大学 2011 年。

附录 1:贵州生态文明指标体系
遴选专家咨询表

问卷编码:＿＿＿＿＿

尊敬的专家/领导:

您好!

　　我们正在进行一项关于贵州生态文明指标体系构建的研究,旨在设计一个符合贵州生态文明实际的指标体系。欣闻您在生态文明建设领域具有较高的学术造诣和实践经验,特诚挚地希望您提出宝贵的观点及看法。本问卷采用匿名调查的方式,所获得的数据仅供学术研究之用,内容不会涉及您的个人隐私与单位任何信息,请您充分发表自己的看法并客观地填写相关信息,我们将尊重您的观点并表示衷心感谢!

《贵州生态文明指标体系构建与评价研究》课题组

2012 年 6 月

【一、判断矩阵指标比较重要性专家评分】

【填写说明】 请您对以下五个判断矩阵进行同一层次指标的两两比较,并给出它们的相对重要性判断,具体的重要性评分方式参见下例。

相对重要性得分	含义
1	两指标同样重要
3	某行指标比某列指标稍微重要
5	某行指标比某列指标明显重要
7	某行指标比某列指标强烈重要
9	某行指标比某列指标极端重要
2,4,6,8	表示相邻两得分间折中时的得分
得分倒数:$1/i$,其中　$i=1,2,\cdots,9$	当某行指标不如某列指标重要时,用倒数形式 $1/i$ 表示,i 代表某列指标对某行指标的重要性程度

【举例】 若被调查者认为,物质文明比政治文明强烈重要则打 7 分;政治文明比精神文明稍些重要则打 4 分;物质文明不如精神文明极端重要则打 1/9 分。该例在判断矩阵中的填写情况为:

表 1　　　　　**"三个文明"建设判断矩阵打分表**

列指标 行指标	物质文明	政治文明	精神文明
物质文明		7	1/9
政治文明			4
精神文明			

◆ 尊敬的专家/领导:请根据以上相对重要性评分要求及案例说明对贵州生态文明指标体系的 4 个系统层之间及系统层内部指标的重要性进行判断,并将相应的重要性得分填在白色框中。

表2　　　　　　　　　系统层之间的重要性（判断矩阵 A – B）

行指标 ＼ 列指标	B1 生态经济	B2 生态安全	B3 生态文化	B4 生态法规
B1 生态经济				
B2 生态安全				
B3 生态文化				
B4 生态法规				

表3　　　　　　　生态经济层内部指标的重要性（判断矩阵 B1 – D)

行指标 ＼ 列指标	D1 国内生产总值（GDP）	D2 第三产业 GDP 增长贡献率	D3 产业总产值增长率	D4 能源消费弹性系数	D5 万元 GDP 能耗量	D6 居民价格消费指数	D7 人均 GDP 增长率	D8 就业率
D1 国内生产总值（GDP）								
D2 第三产业 GDP 增长贡献率								
D3 产业总产值增长率								
D4 能源消费弹性系数								
D5 万元 GDP 能耗量								
D6 居民价格消费指数								
D7 人均 GDP 增长率								
D8 就业率								

表4　　　　　　生态安全层内部指标的重要性（判断矩阵 B2 – D)

行指标 ＼ 列指标	D1 城市污水处理率	D2 新增废气治理能力	D3 工业固体废物综合利用率	D4 二氧化硫排放总量	D5 工业废水排放达标量	D6 森林覆盖率	D7 天然林保护工程面积	D8 退耕还林工程面积	D9 环保资金投入占 GDP 比重	D10 人均公共绿地面积
D1 城市污水处理率										
D2 新增废气治理能力										
D3 工业固体废物综合利用率										
D4 二氧化硫排放总量										
D5 工业废水排放达标量										
D6 森林覆盖率										
D7 天然林保护工程面积										
D8 退耕还林工程面积										
D9 环保资金投入占 GDP 比重										
D10 人均公共绿地面积										

表5　　　　　　　　生态文化层内部指标的重要性（判断矩阵 B3 – D）

列指标 / 行指标	D1 少数民族人口总数	D2 民族自治地方人均 GDP	D3 非物质文化遗产申报数量	D4 高等教育毛入学率	D5 农村居民家庭文教娱乐支出比重	D6 城镇居民家庭文教娱乐支出比重	D7 城市品牌认知度	D8 国家级自然保护区个数	D9 来黔境外旅游人数
D1 少数民族人口总数									
D2 民族自治地方人均 GDP									
D3 非物质文化遗产申报数量									
D4 高等教育毛入学率									
D5 农村居民家庭文教娱乐支出比重									
D6 城镇居民家庭文教娱乐支出比重									
D7 城市品牌认知度									
D8 国家级自然保护区个数									
D9 来黔境外旅游人数									

表6　　　　生态法规层内部指标的重要性（判断矩阵 B4 – D）

列指标 / 行指标	D1 经济案件诉讼代理数量	D2 经济合同公证数量	D3 破坏社会主义市场经济秩序罪数量	D4 生产安全事故死亡人数	D5 行政诉讼代理数量	D6 妨碍社会管理秩序罪数量
D1 经济案件诉讼代理数量						
D2 经济合同公证数量						
D3 破坏社会主义市场经济秩序罪数量						
D4 生产安全事故死亡人数						
D5 行政诉讼代理数量						
D6 妨碍社会管理秩序罪数量						

【二、贵州生态文明建设现状总体评价】

　　【填写说明】请您对贵州生态文明建设的实际感知进行总体评价,分值1—5分别代表"差"、"较差"、"一般"、"较好"、"很好"。该部分题项均为单选题,请在选定分值对应的表格里打"√"。

表7　　　　　　　　　贵州省生态文明指标体系状态层评价

状态层指标	差 ←→ 很好					状态层指标	差 ←→ 很好				
	1	2	3	4	5		1	2	3	4	5
产业结构						生态修复					
绿色消费						生态补偿					
经济增长						——					
民族特色						经济法规调试					
人文素养						环境法规调试					
历史文化						社会法规调试					

　　如果您对本研究的结论感兴趣,请在问卷最后注明,并填写上您的电子邮箱,届时我们会将研究结果通过 E – mail 发给您。非常感谢您的大力支持与协助!您的电子邮箱:＿＿＿＿＿＿＿

附录2:贵州生态文明指标体系相关指标数据表

	指标（单位）	2006年	2007年	2008年	2009年	2010年	2011年	2012年	2013年
生态经济	GDP（亿元）	2338.98	2884.11	3561.56	3912.68	4602.16	5701.84	6852.20	8006.79
	第三产业GDP增长贡献率（%）	50.6	59.6	61.6	52.7	43.9	52.1	42.8	47.9
	能源消费弹性系数	0.74	0.69	0.37	0.6	0.63	0.73	0.65	—
	万元GDP能耗量（吨标准煤/万吨）	2.7283	2.6173	2.4495	2.348	2.2480	1.7140	1.6444	—
	居民价格消费指数（以100为基准线）	101.7	106.4	107.6	98.7	102.9	105.1	102.7	102.5
	人均GDP（元）	6305	7878	9855	10971	13119	16413	19608	22922
生态安全	城市污水处理率（%）	21.2	29	31.2	42	74.8	82.0	83.9	84.8
	新增废气治理能力（万标立方米/小时）	560	—	466.39	562.09	268.31	725.51	2777.86	—
	工业固体废物利用率（%）	36	37.5	39.9	45.6	50.9	52.7	60.9	—
	森林覆盖率（%）	39.93	39.93	39.93	39.93	40.52	41.53	47	48
	环保资金投入占GDP比重（%）	1.4	1.7	1.4	1.8	1.9	1.9	1.4	—
	人均公共绿地面积（平方米）	4.25	4.23	4.44	4.65	5.33	5.50	6.68	—

		2006 年	2007 年	2008 年	2009 年	2010 年	2011 年	2012 年	2013 年
生态文化	少数民族人口总数（万人）	963.3	972.14	938.14	938.69	796.28	866.89	870.20	—
	民族自治地方人均GDP（元）	3948	4688	5826	7092	9319	11546	14690	—
	高等教育毛入学率（%）	11	11.5	11.8	18.4	20	23.2	25.5	27.4
	农村居民家庭文教娱乐支出比重（%）	8.5	7.7	5.6	6.3	6.5	5.3	5.8	6.4
	城镇居民家庭文教娱乐支出比重（%）	13.7	13.4	11.2	12.7	12.5	11.7	11.1	14.2
	国家级自然保护区个数（个）	7	9	9	9	9	9	9	9
	来黔境外旅游人数（万人次）	32.14	43	39.54	39.95	50.01	58.51	70.50	77.7
生态法规	经济案件诉讼代理数量（件）	1661	5828	4180	4463	5300	5783	6049	—
	经济合同公证数量（件）	35485	27326	25431	22323	17630	15335	46248	—
	破坏社会主义市场经济秩序罪数量（件）	217	281	294	332	399	360	433	—
	生产安全事故死亡人数（人）	2787	2588	2427	2183	1936	1655	1301	1083
	行政诉讼代理数量（件）	519	588	438	429	572	431	627	—
	妨碍社会管理秩序罪数量（件）	2956	2958	3497	4121	4250	4688	5622	—

后　记

　　2011年，我们出版了首本有关生态文明的研究专著《生态文明城市建设与地方政府治理——西部地区的现实考量》。该书荣获贵州省第十次哲学社会科学优秀成果著作类一等奖。此后的三年时间，我们又相继开展了生态文明城市价值、生态文明城市价值实现、生态文明指标体系构建与评价三个课题的研究。与2011年的研究相比，这些成果既有继承也有创新，主要从理论和现实两个方面对生态文明内涵进行解读。本书是在这三个课题基础上进行的整合、充实和完善，最终形成了统一的逻辑框架。它与上本书共同成为研究贵州生态文明建设的姊妹篇。文稿几经修改、数次校对，历时三载，终于付梓成书。

　　建设美丽中国，不仅是全面深化改革新时期的强烈呼唤，也是人民群众现实生活的迫切需要。三年来，我们始终关注生态文明建设，努力在理论研究中寻求突破，在实践工作中积累经验。每当想起大家在一起研讨、调研的场景，心中总是充满感慨，其中的收获值得大家共同回味。整个研究团队，既有从事高校工作的教师、也有政府部门的公务员，他们大多数工作生活在贵州，或曾经有过在贵州求学的经历，对西部地区这片热土充满了真挚的感情。也正是如此，两本学术专著都以贵州为例，期待向广大读者展示一个走向生态文明时代的新贵州。当然，贵州生态文明建设也确实有许多特色之处，值得学者们进行深入研究。时代在变迁、认识在深化，对生态文明的理论探讨也是永无止境的。特别是在全面深化改革的新时期，这一话题显得更为紧迫、更为厚重，希望我们这几年的研究思考能够为我国生态文明建设贡献微薄之力。

　　在本书即将出版之际，我们要向为此做出贡献的课题组全体成员表示诚挚的感谢！他们在整个课题研究中各自承担了相应的任务：唐子惠、魏媛、王世柱、乔姗姗、朱德利等承担了生态文明价值及实现部分的研究工作，一些成果直接体现在第六、七章中；龙海波、申蕙、周丽莎、朱文龙、安明刚等承担了生态文明指标体系构建与评价部分的研究工作，是第二、三、四、五章的主要完成人；张鹏洲、马贵华、孙帅等参与了第一、八章部分内容的撰写，并为本书的资料收集、整理作了大量细致工作。此外，我们还要特别感谢为本书最终出版付出辛勤努力的中国社会科学出版社诸位同仁。

申振东　龙海波
2014 年 12 月